凹透鏡的特性

凹透鏡是甚麼？

那是一種透鏡，用它來觀看事物，跟直接觀看會有些差別。

影像方向

影像的方向跟原物一模一樣，沒有出現上下或左右顛倒的情況。

影像大小

跟原物大小相比，凹透鏡中的影像變小了。

頓牛果然是被凹透鏡縮小了呢。

影像虛實

如果將凹透鏡放在窗邊或發光物件旁，影像並不能投映在凹透鏡後的平面上，只見一團黑影。

我不會一輩子都被縮小吧？

這裏還有其他用不同物件製成的魔鏡，應該有些可幫頓牛恢復原狀的。

光學工具小檔案

試試將以下物件和它相應的光學工具連線配對起來吧！

• 浴室鏡

影像和物件的大小總是相同，但會左右倒置。

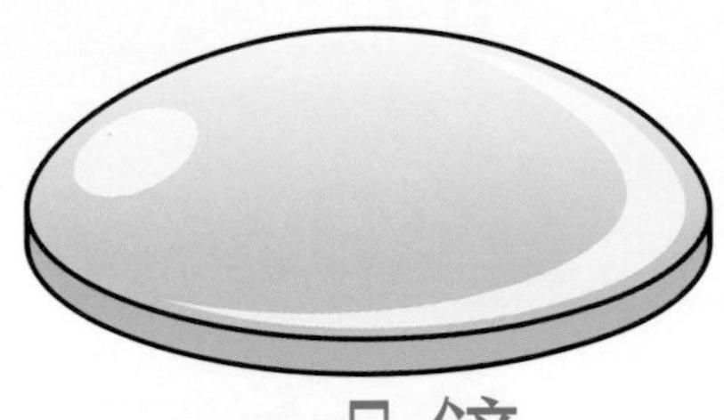

• 凸鏡

• 倒後鏡

影像總是正立，並且比實物小。

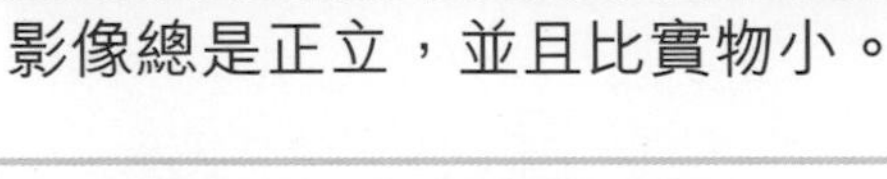

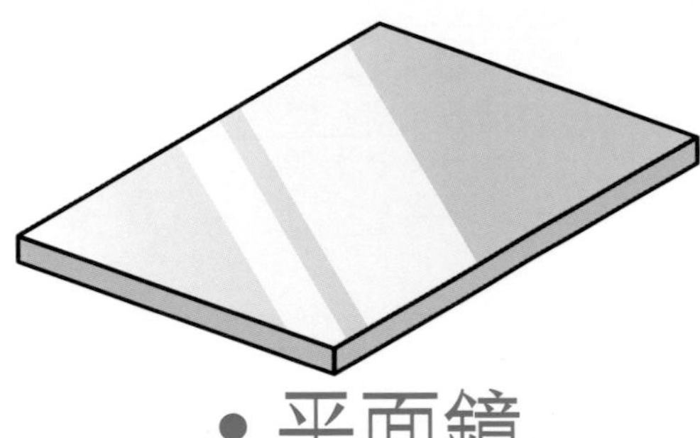

• 平面鏡

• 放大鏡

視乎與物件的距離，影像可能變大、變小或沒有改變，而且也可能上下倒置。

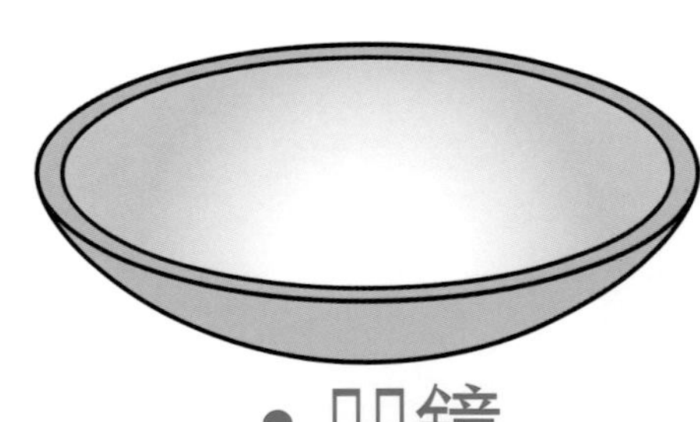

• 凹鏡

Photo by SBA73/CC-BY-SA 2.0

• 太陽爐

視乎與物件的距離，影像有可能變大或縮小，也可能與實物一樣大小。另外，影像也有可能上下及左右倒置。

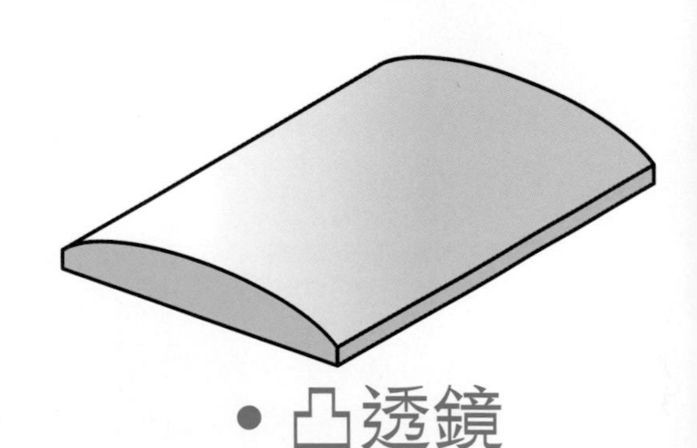

• 凸透鏡

為甚麼不同的鏡能映照出不同的影像呢？
要解答這問題，首先須理解為何我們能看到東西。

為何我們能看見物件？

人們能看見物件，是因為那些物件反射了光線或者本身可發光。當光線進入人們的眼睛，便形成可看見的影像。

現以光線圖解釋人們如何看到物件的影像吧。

頓牛看得到居兔公主的正面，是因為光線照在她身體正面的部分，再反射到頓牛的眼中。
直線表示光線的路徑，並用箭咀表示其方向。
居兔公主的背面不能反射光線到頓牛的眼睛，故此他不能看到公主的背面。

只需要5條光線，我就能看到居兔公主？

不是啊，那只是眾多光線的一小部分而已。

可再簡化上面的光線圖：

物件及其影像的模樣千變萬化，卻可化簡為一個箭咀去代表其方向及大小，例如右方的箭咀就代表居兔公主。
箭頭代表居兔公主的耳尖。
我們可用光線圖解釋各種鏡的影像如何形成。
以一隻眼睛代表觀察者。
光線仍以直線及箭咀表示，但只須畫出箭咀及直線，其他可省略。
箭尾代表居兔公主的腳底。

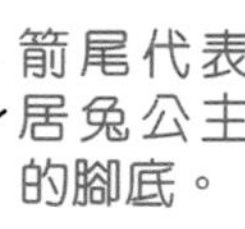

光線圖應用——平面鏡的影像

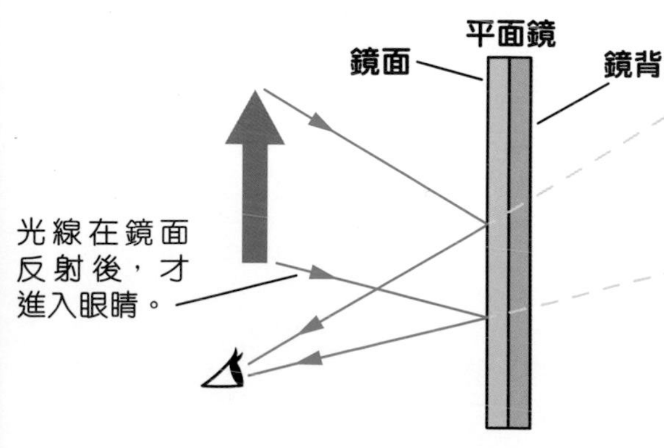

可是，我們的大腦誤以為光線是筆直而來的，於是就會看到物件的影像在鏡中。根據光線圖，平面鏡中的影像大小及方向，跟原本的物件相同。

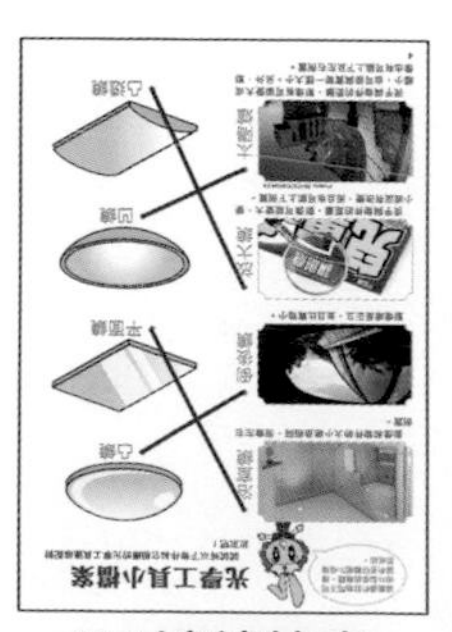

P4 連線答案

凹透鏡的成像

凹透鏡跟平面鏡不同，只會反射小部分的光線，卻可讓大部分光線經折射後穿過。

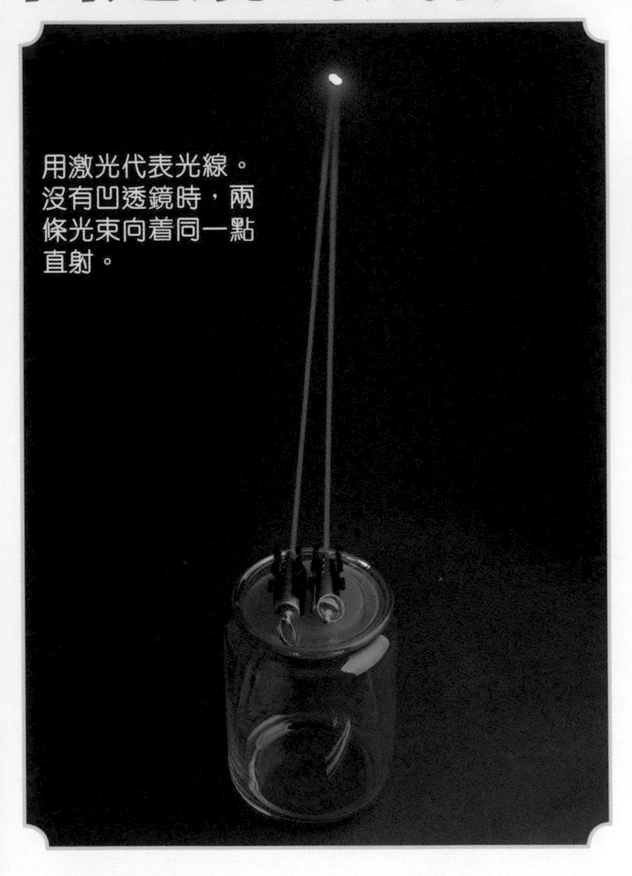

用激光代表光線。
沒有凹透鏡時，兩條光束向着同一點直射。

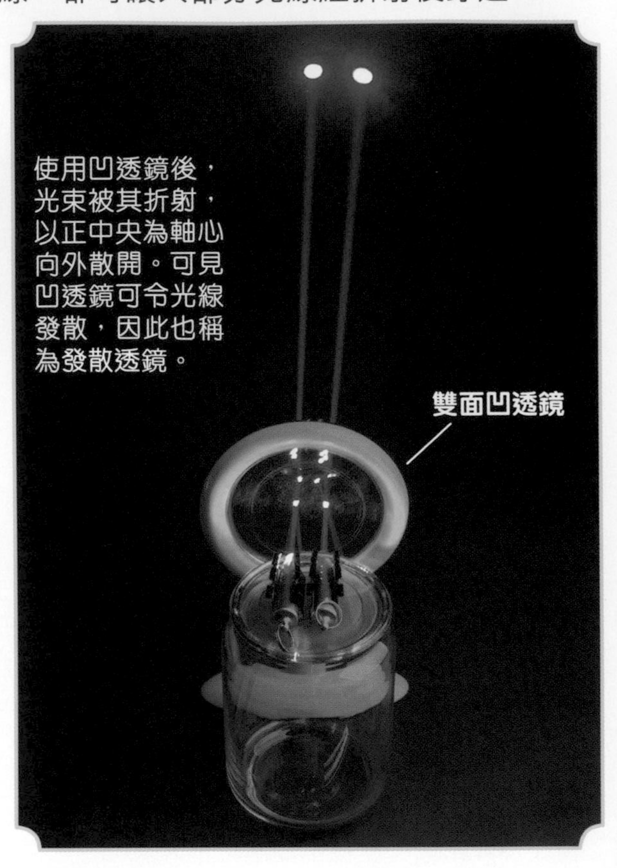

使用凹透鏡後，光束被其折射，以正中央為軸心向外散開。可見凹透鏡可令光線發散，因此也稱為發散透鏡。
雙面凹透鏡

如果用光線圖來表達凹透鏡的作用，則像下圖：

若從右邊觀察，大腦誤以為光線直射，因而看到一個在鏡後顯現的影像。此影像比物件小。

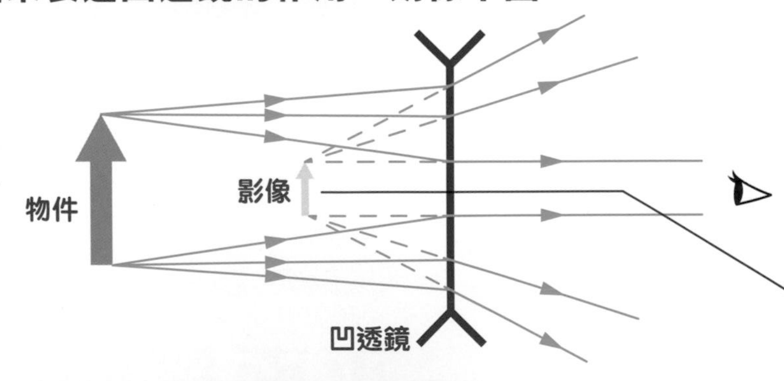

這影像跟前頁的平面鏡影像一樣，都是大腦「想像」出來的虛像。

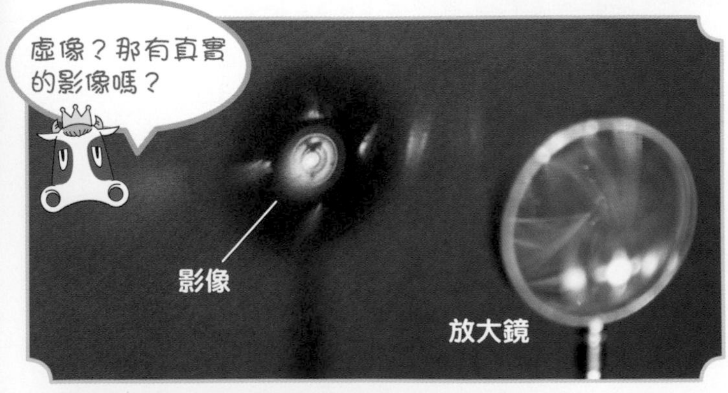

◀如用凸透鏡（例如放大鏡），只要物件在其焦距外，所產生的影像便是由光線聚焦而成，並非由大腦想像出來，屬於真實影像。這種影像可如圖般投映在平面上。

▶第 198 期的投影電筒使用凸透鏡，故此投射出來的投影片就是一種真實影像！

凸鏡及凹鏡的成像則會在「科學實驗室」說明。

凹透鏡實驗 —— 防盜眼

利用凹透鏡發散光線的特性，還可以擴闊視野呢。

把凹透鏡裝在一個小洞口，然後從該洞口望向外面，就會看到比沒有凹透鏡時更廣闊的空間。

1 在一張畫紙上，如圖剪去一個直徑 6.5 厘米的圓形。

2 直接透過圓洞觀察前方的景物（本示範使用兒科人物紙樣）。

只看到愛因獅子……

3 在圓形洞前放置凹透鏡。

4 再觀察圓洞中的影像。

愛因獅子變小了，但這次可看到左右兩邊都有人！

為何視野擴闊了？

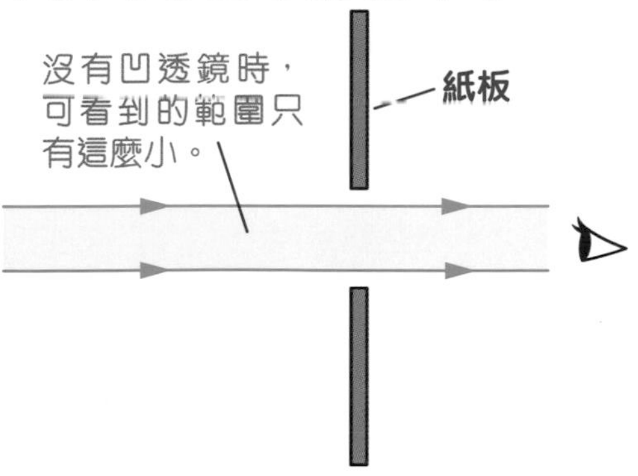
沒有凹透鏡時，可看到的範圍只有這麼小。
紙板

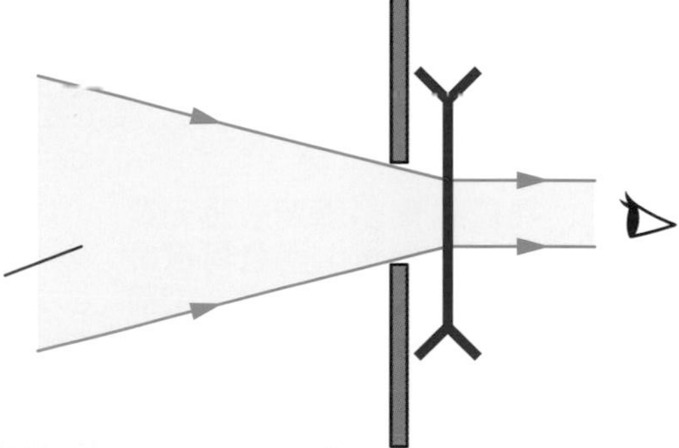
有凹透鏡時，來自較外圍的物件的光線也被折射到眼中，於是能看到的範圍更大。

▼防盜眼通常都由一組凹透鏡組成，相比只用一塊凹透鏡，可看到的範圍更大。

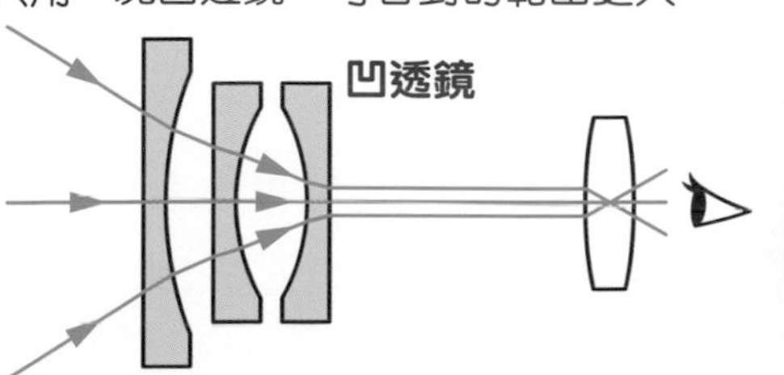
凹透鏡

Photo by Tony Webster/CC-BY-SA 2.0

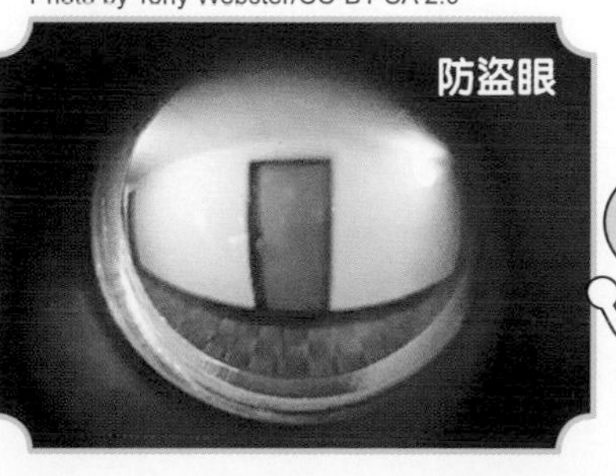
防盜眼

那麼我們該用哪種鏡才能把頓牛放大呢？

凸透鏡的特性

跟凹透鏡剛好相反，凸透鏡能將光線會聚起來，因此又稱為會聚透鏡。

我們用凸透鏡將
頓牛變回原來的
大小吧！

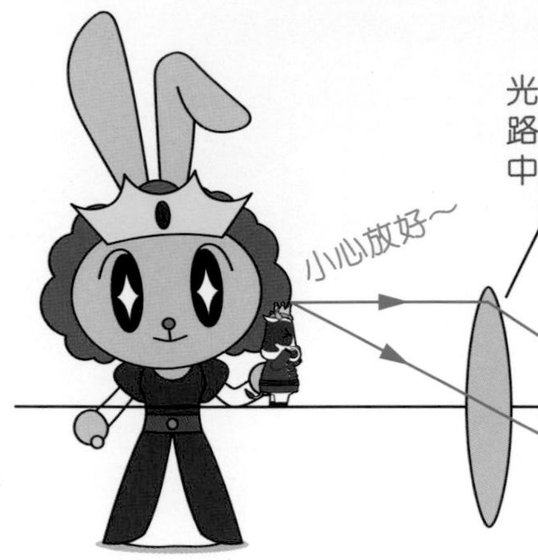

光線被凸透鏡折射，路徑偏向穿過凸透鏡中心的軸線。

成功！

天然的凸透鏡——眼睛

眼球上的晶體呈橢球狀，外側較薄而中間較厚，而且可透光，就像一塊凸透鏡。

這總比被縮小
要好吧～下次
別再亂碰魔鏡
了啦。

眼球構造

晶體能像凸透鏡般將光線折射並會聚，而且可被肌肉拉扯去改變弧度，因而可改變折射的程度。

如果剛好聚焦在視網膜上，就能形成清晰的影像，不過這個影像是倒轉的。

大腦會把這個影像倒轉回來，所以我們所看到的東西不會顛倒。

只是，眼睛並不一定能把影像聚焦在視網膜上。若眼球出現問題，影像就不能正確地聚焦，於是引起不同的視力問題。

近視

眼球太長會導致近視。來自遠方物件的光線被晶體折射後，仍未到視網膜上便聚焦，到達視網膜時已散開，令影像變得模糊。

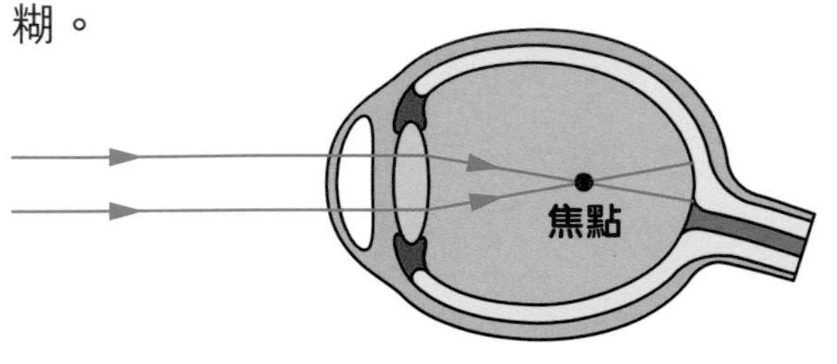
焦點

這時就需要配戴以凹透鏡製成的近視眼鏡，將光線發散，使它折射後剛好在視網膜上聚焦，這樣影像就清晰了。

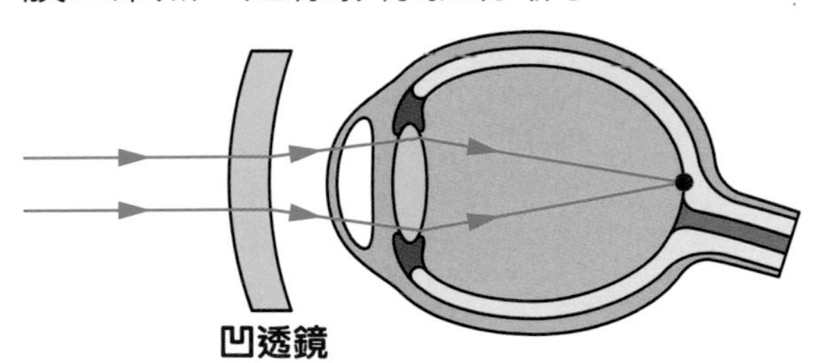
凹透鏡

遠視

眼球太短則會導致遠視。來自近物的光線經晶體折射，即使已到達視網膜，仍來不及聚焦，影像因而十分模糊。

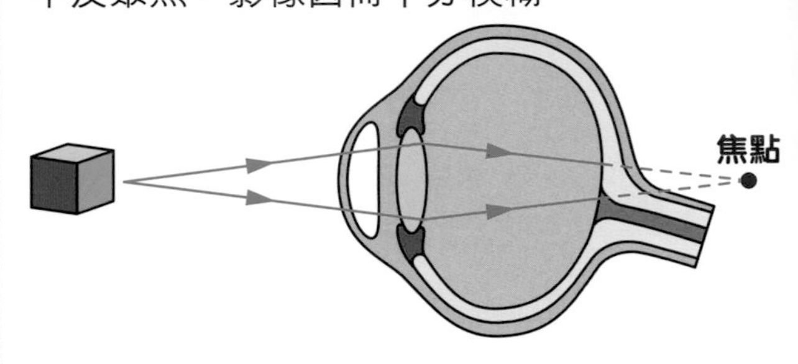
焦點

配戴用凸透鏡製成的遠視眼鏡以改善問題。凸透鏡令光線會聚，使光線提早聚焦在視網膜上。

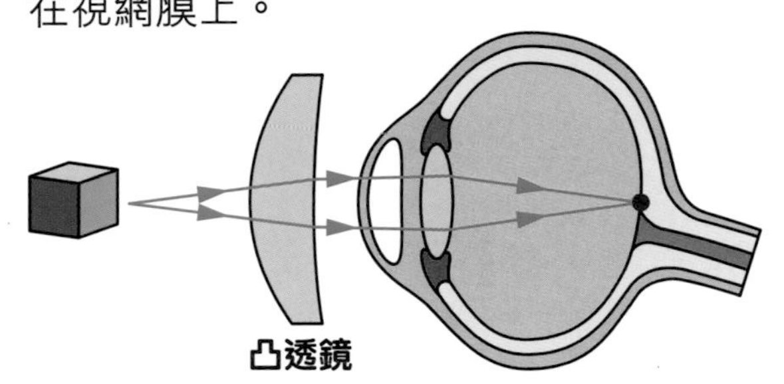
凸透鏡

額外小知識
甚麼是 100 度近視？

以另一方式解釋近視成因：當眼球屈曲光線的程度（簡稱屈光度）太大，就會導致光線太早會聚，形成近視。而屈光度可用數字表示，其單位是 Dioptre，簡寫是 D。

正常眼睛的屈光度是可變動的。但人患有近視時，其眼球不論怎樣調節也無法看得清楚，因此要戴眼鏡來扣減整體的屈光度。

如果需要扣減的屈光度為 1D，那人的近視就是 100 度；若要扣減 2D 才看得清楚，那人就有 200 度近視，如此類推。

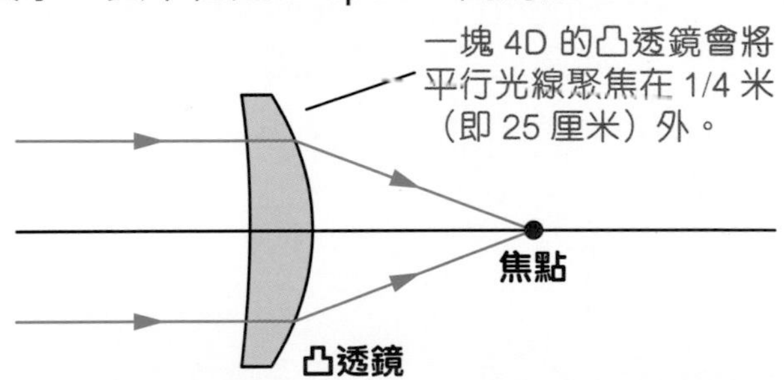
一塊 4D 的凸透鏡會將
平行光線聚焦在 1/4 米
（即 25 厘米）外。
焦點
凸透鏡

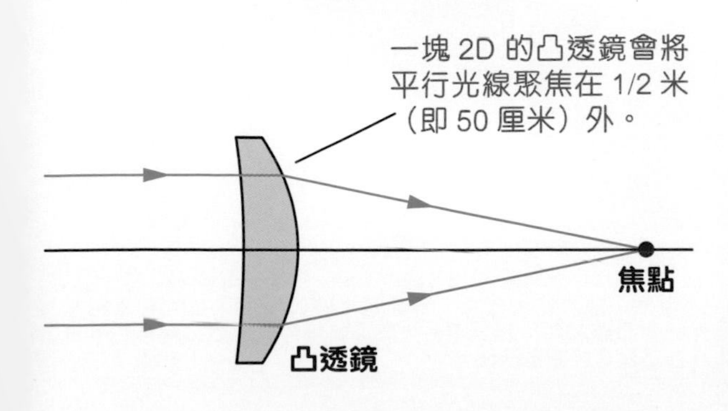
一塊 2D 的凸透鏡會將
平行光線聚焦在 1/2 米
（即 50 厘米）外。
焦點
凸透鏡

一般來説，患有 100 度近視，可看清楚約 100 厘米內的事物。近視每往後增加 100 度，看得清的距離便減半。

近視度數	可看清楚的最遠距離
200	50 厘米
300	25 厘米
400	12.5 厘米
500	6.25 厘米

看似傻傻憨憨的河馬擁有粗厚巨大的嘴巴，還可幾乎張開180度！

是呀，我的咬合力強勁，很多猛獸都不敢惹我呢！

怕熱的河馬

© 海豚哥哥 Thomas Tue

河馬 (Hippo，學名：*Hippopotamus amphibius*)，是河馬科偶蹄目哺乳動物，身長可達4米，體重可達2噸。其身體主要是深灰色和肉紅色，皮膚厚實和光滑，外形肥圓及呈桶狀。頭大卻沒有角，擁有粗厚巨大的嘴巴，嘴和牙齒都很大，嘴巴可幾乎以180度張開！耳朵和尾部卻很短小，四肢粗短。

河馬是半水生動物，皮膚需要水分，否則會乾裂，故喜歡在河流、湖泊和沼澤棲息，日間多在水中生活，晚上才上岸尋找食物，主要吃草和植物為生。

牠們分佈在非洲撒哈拉沙漠以南地區，壽命估計可達40歲。

▲河馬有四根長長的獠牙，而且咬力可達1800磅，可一次過吃下100磅植物。

◀河馬雖是草食動物，卻脾氣暴躁和易怒，而且具攻擊性！

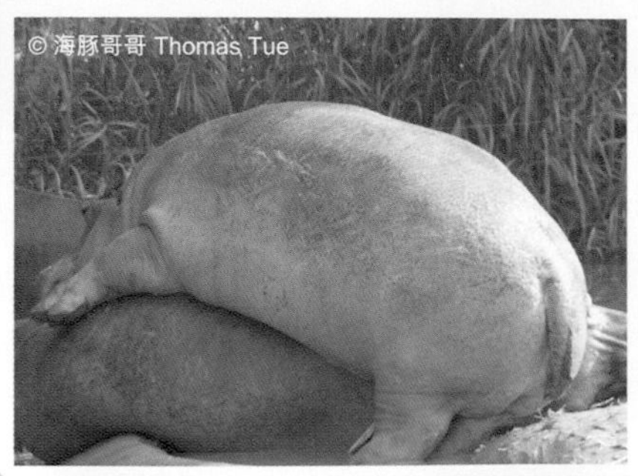

◀▲雖然河馬外形似豬，卻是鯨豚類的近親。其身軀看似笨重，卻能以每小時30公里的速度奔跑。

如大家有興趣認識中華白海豚，請瀏覽以下網址：
eco.org.hk/mrdolphintrip

收看精彩片段，
請訂閱Youtube頻道：
「海豚哥哥」
https://bit.ly/3eOOGlb

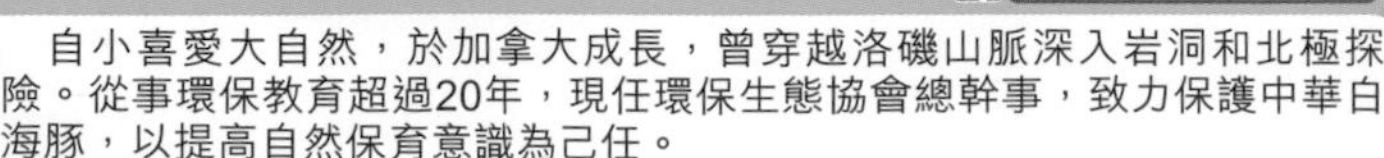

海豚哥哥簡介

海豚哥哥 Thomas Tue

自小喜愛大自然，於加拿大成長，曾穿越洛磯山脈深入岩洞和北極探險。從事環保教育超過20年，現任環保生態協會總幹事，致力保護中華白海豚，以提高自然保育意識為己任。

亞龜米德製作了兩個神奇的冰冰轉，一個雖只有黑白二色，不過一旦轉動就會看到其他顏色。另一個有着繽紛的色彩，只是轉動時卻變成了白色！

製作時間：約半小時

製作難度：★☆☆☆☆

貝漢轉盤（Benham's top）

牛頓七色盤（Newton disc）

嘟一嘟在正文社 YouTube 頻道搜索「#199 DIY」觀看製作過程！

用手轉動盤子時，大家觀察轉動中的黑白或彩色板塊，就感受到「視錯覺」！

製作步驟

⚠請在家長陪同下使用刀具

材料：硬卡紙或廢棄光碟（標準直徑 12cm）、波子一顆（直徑約 1.5cm）、膠手套一個。

工具：膠紙、雙面膠紙或漿糊筆、剪刀。

1 剪出圓形花紋模板，並剪出中央小圓位置。將紙樣塗上漿糊，貼在廢棄光碟的正面。

2 剪下膠手套的指頭部分，例如食指，注意大姆指除外。

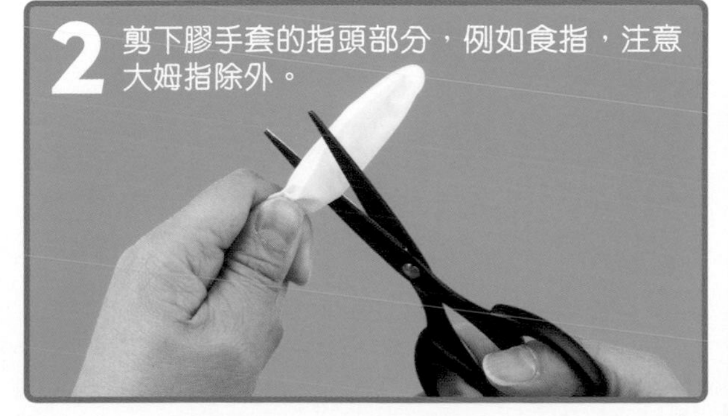

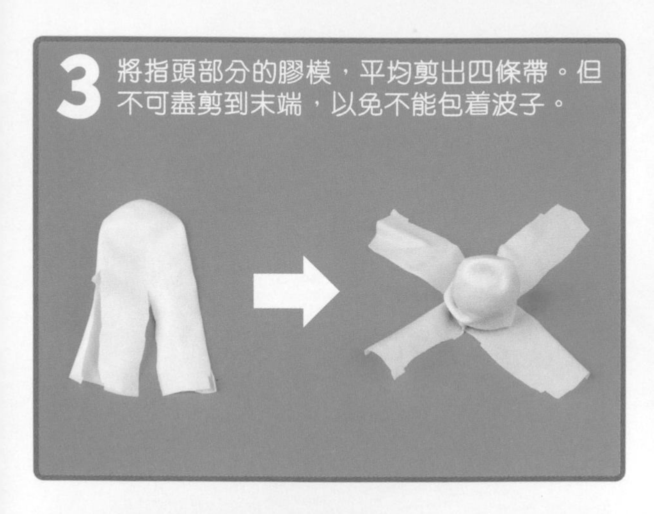

3
將指頭部分的膠模，平均剪出四條帶。但不可盡剪到末端，以免不能包着波子。

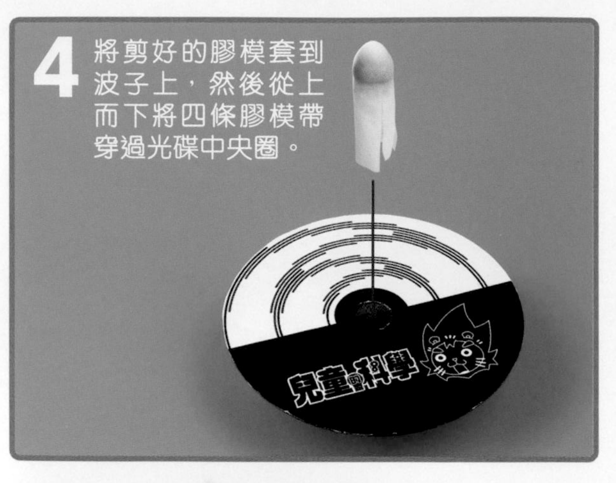

4
將剪好的膠模套到波子上，然後從上而下將四條膠模帶穿過光碟中央圈。
兒童的科學

5
從光碟底部拉勻四條膠模，直到上方的膠模不見皺痕為止，這樣就可完整包裹波子。

6
在光碟底部用膠紙固定膠模。
膠紙要貼近波子周邊，讓波子不易鬆脫。

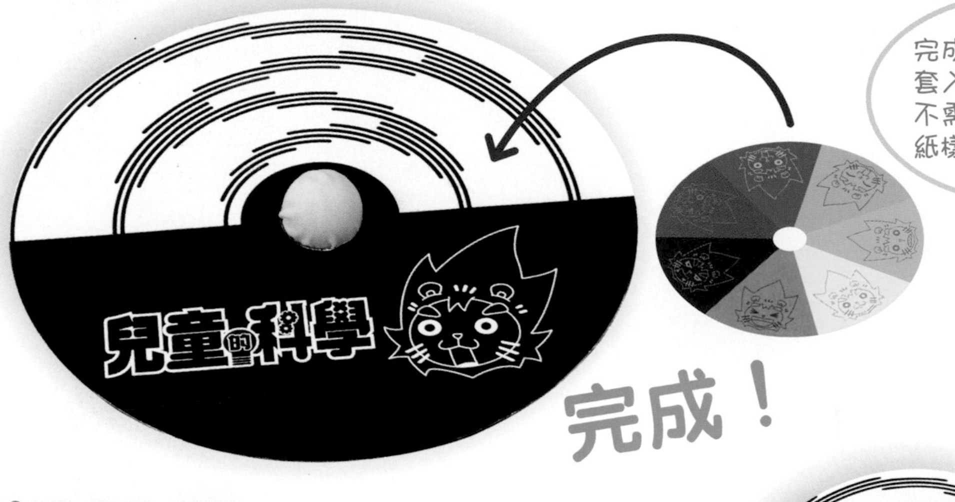

兒童的科學
完成！
完成後可簡單從上方套入其他紙樣，這樣不需黏貼，即可替換紙樣。

視錯覺：將黑白看成彩色

貝漢轉盤又名「貝漢碟」(Benham's Disk)、「人造光譜轉盤」(Artificial Spectrum Tops) 或「錯視轉盤」，由英國玩具商人查爾斯·貝漢 (Charles Benham) 於 1894 年開發。

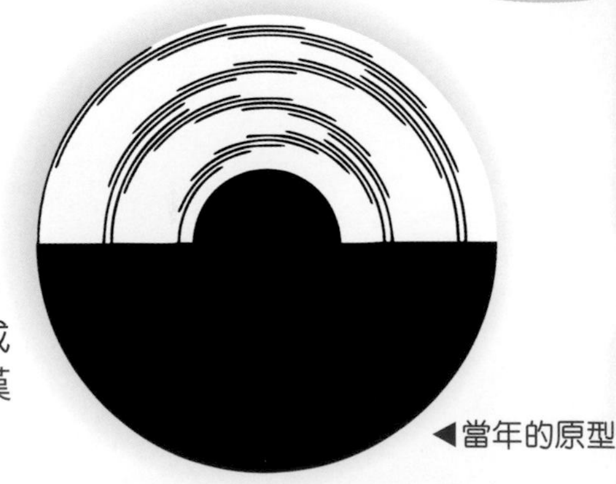
◀當年的原型

當肉眼觀察快速轉動的黑白板塊時，就會產生「視錯覺」，誤將黑白色看成彩色。至於轉盤為何能令眼睛出現錯覺，目前仍未有一致定論，但科學家一般認為與視覺存留的時間差異有關。

▶眼睛看到不動的轉盤時，只會看見黑白二色，是由於感光細胞對三原色同時作出反應所致。

◀當轉盤連帶盤上不同長度與位置的黑色弧線轉動時，感光細胞對三原色產生不同程度的反應，形成彩色錯覺。

人類眼睛內部的視網膜內具有感光細胞，能分別感知紅、綠、藍(又稱「光學三原色」)。當這些細胞受到刺激，對顏色的視覺存留時間不一致，人們就會看到不同顏色。

紙樣一

沿實線剪下
黏合處
因上述人類視網膜的結構，我們才看到彩色的視錯覺。用攝影器材拍攝轉動的貝漢轉盤，所得的影像仍然是黑白色的轉盤。
兒童的科學

彩色變白的奧妙

牛頓七色盤又名「消失的彩色盤」(Disappearing colour disc)，它是「視錯覺」的另一代表。

轉盤上的顏色平均排列，當快速轉動時，視網膜所接收到的七色光會互相重疊，並因加色法而產生混色錯覺。

按轉動速度不同，可見混色狀態或灰白色。

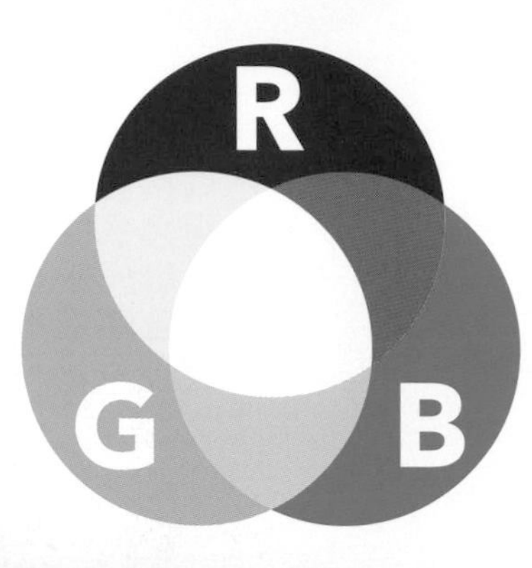

加色法
additive mixing

即用紅、藍、綠混合產生顏色。彩色電視、電腦顯示屏幕及數碼相片格式都常以此為原理。

可比較順時針轉動與逆時針轉動，顏色排序有沒有不同？

紙樣二

沿實線剪下

黏合處

當七色轉盤急速轉動，
才有可能接近純白色。

轉動這個轉盤，
可看到交疊的三
角形影像，紅及
藍可轉成紫色。
如果藍色改為綠
色會看到泥黃色。

紙樣三

▲轉動時其中
一款畫面

另可在正文社網站
下載其他紙樣。

https://rightman.net/uploads/public/CSDownload/199DIY.pdf

在一處不為人知的郊外，
001 正在進行一項非常重要
的任務……

看看新的特務
訓練場建好了

觀察室
完成了嗎？
還差這個長方形框，
但不知道要裝甚麼。

正文社 YouTube 頻道
嘟一嘟在正文社 YouTube
頻道搜索「#199 特務 001
光學教室」觀看過程！

這是裝單向

我來示範甚麼是
單向玻璃吧！

接下來的實驗需要的反光紙和塑膠板等材料，都可在文具店找到。

簡易單向玻璃

材料：反光紙、塑膠板　　　工具：界刀、膠紙

1 在一塊塑膠板的中間，剘走一個約 25cm x 18cm 的長方形。

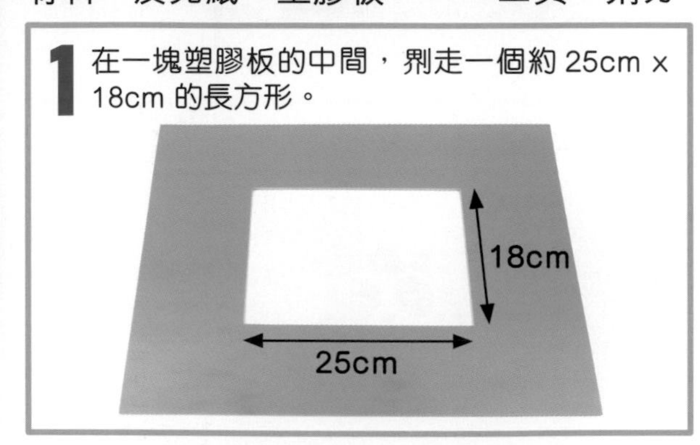

2 剪出一塊 22cm x 29cm 的反光紙。

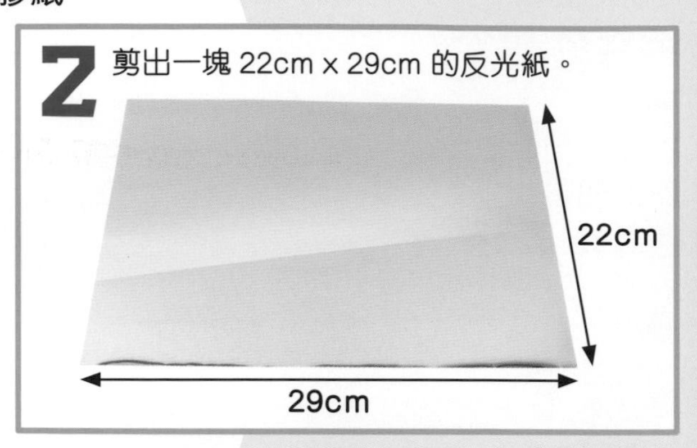

3 將反光紙貼在塑膠板上，封住長方形洞，製成單向窗。

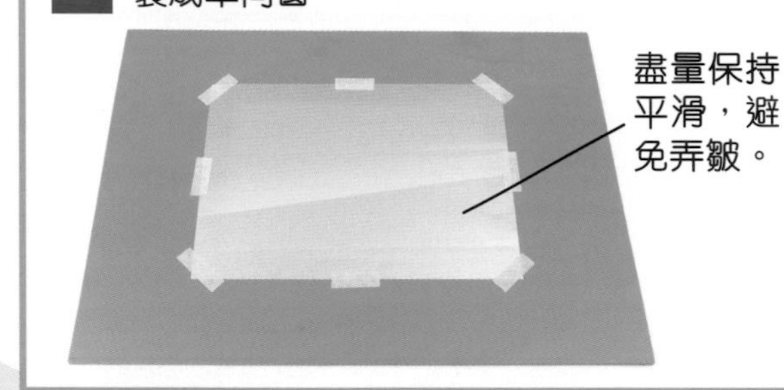

盡量保持平滑，避免弄皺。

4 可再鋪上另一塊同樣剘出長方洞的塑膠板來夾着反光紙。將單向窗門放在一個房間門口，透過反光紙從有燈光的房外觀察房內。

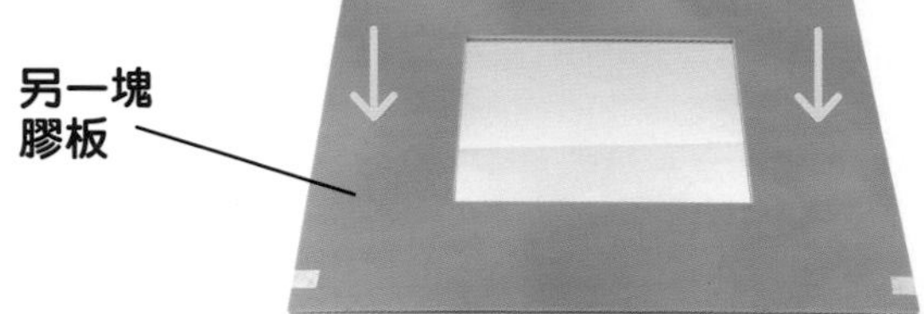

從房外望向房內

如果房內開了燈，在房外就可看到房內。
房內
房外

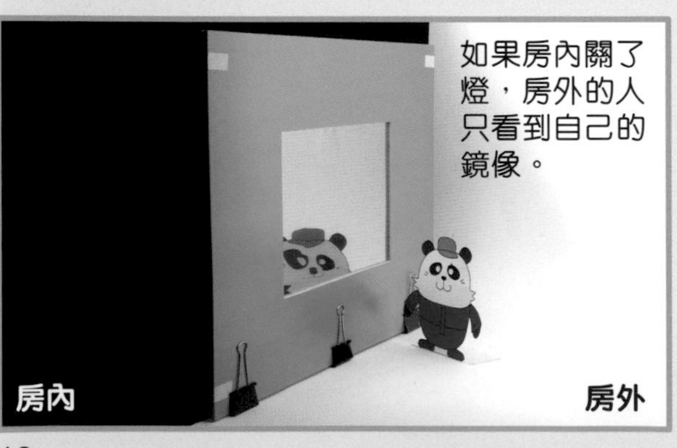

如果房內關了燈，房外的人只看到自己的鏡像。
房內
房外

從房內望向房外

在房內總是可清楚看到房外。
房內
房外

蠱惑的反光紙

在一塊透明塑膠薄膜上噴灑一層非常薄的金屬膜，就製成反光紙。只要將它貼在玻璃上，即可模擬單向玻璃。真正的單向玻璃其實在燒製過程中已在玻璃的某一面鍍上了反光層。

反光紙結構

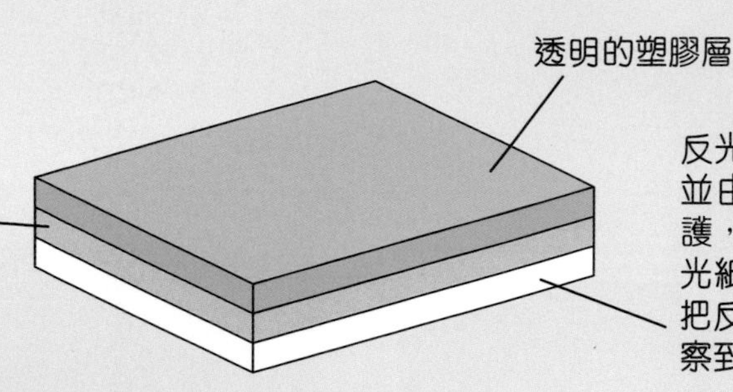

透明的塑膠層
金屬膜通常由鋁金屬構成，其厚度遠比廚房用的錫紙薄，因此只會反射部分光線，並讓部分光線穿過。
反光紙的底部一般有黏貼劑，並由另一張可撕走的膠紙保護，讓使用者像貼膠布般把反光紙貼到玻璃。不過，就算不把反光紙貼在玻璃上，仍能觀察到其效果。

單向玻璃原理

光線經過反光紙，一部分被反射，一部分被吸收，剩下的則穿過反光紙。以本實驗使用的反光紙為例，30% 的光線會被反射，52% 會被吸收，只剩下 18% 可穿過。

當反光紙兩邊的光暗差距夠大，人們就只能從較暗的一邊看到較亮那一邊的東西。

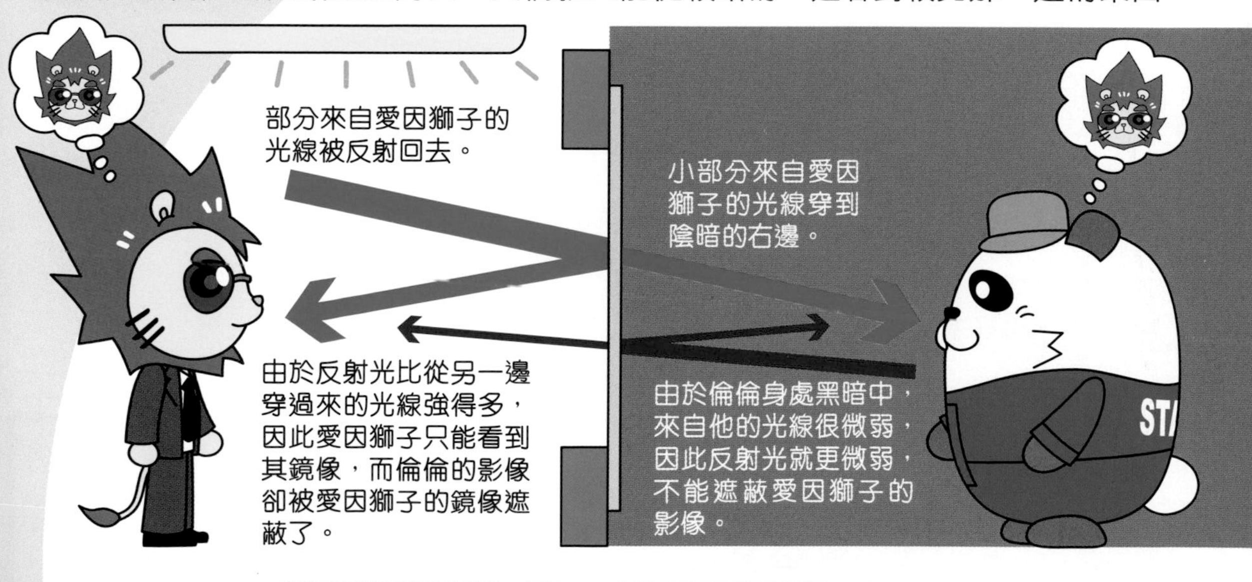

部分來自愛因獅子的光線被反射回去。
小部分來自愛因獅子的光線穿到陰暗的右邊。
由於反射光比從另一邊穿過來的光線強得多，因此愛因獅子只能看到其鏡像，而倫倫的影像卻被愛因獅子的鏡像遮蔽了。
由於倫倫身處黑暗中，來自他的光線很微弱，因此反射光就更微弱，不能遮蔽愛因獅子的影像。

如果兩邊的亮度相近，單向玻璃便會失效。

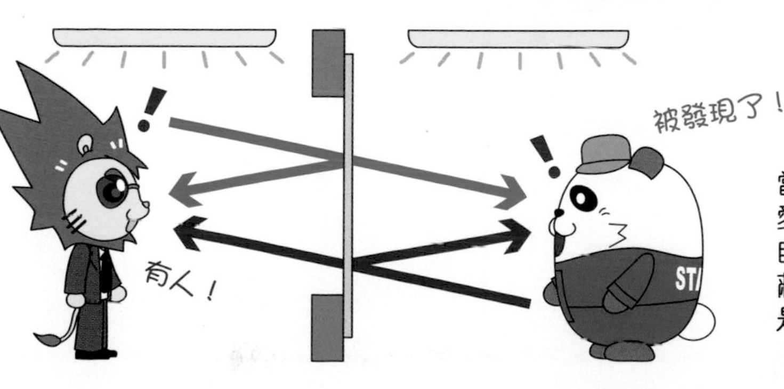

當兩邊亮度相近，愛因獅子和倫倫各自的鏡像都不能遮蔽對方的影像，於是看得到對方。

迷你觀察室

材料：反光紙、紙盒　　　　工具：刕刀、膠紙、手機

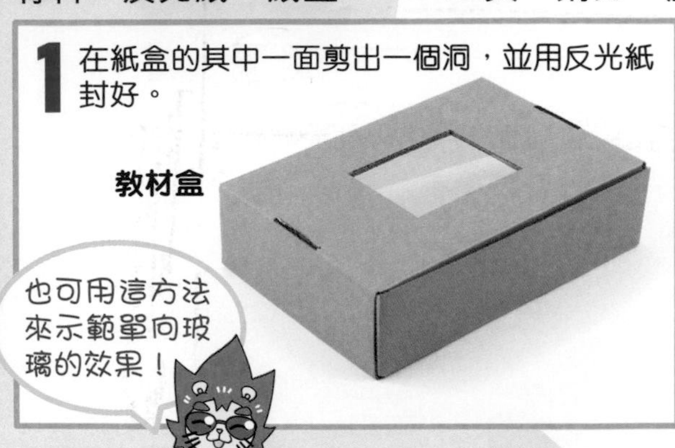

1 在紙盒的其中一面剪出一個洞，並用反光紙封好。
教材盒
也可用這方法來示範單向玻璃的效果！

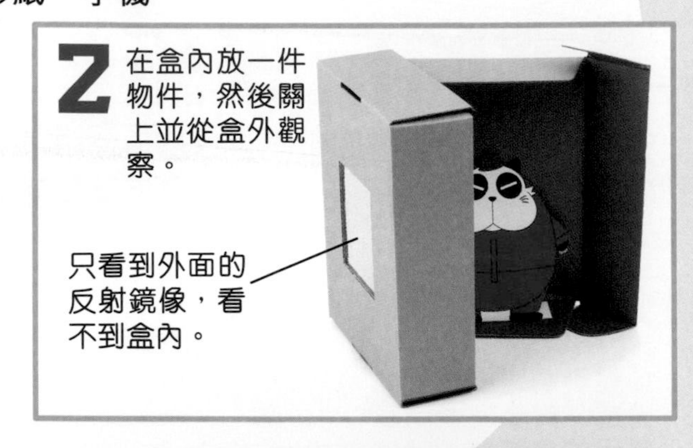

2 在盒內放一件物件，然後關上並從盒外觀察。
只看到外面的反射鏡像，看不到盒內。

3 啟動手機的攝錄程式，然後將手機放進紙盒，再關上盒子，接着在盒外放些物件。

4 取出手機後停止攝錄，並翻看影片。
從盒內可看到盒外的東西！

單向玻璃的作用

單向玻璃常用於大廈或車輛窗戶，使人們較難從外面看到裏面的情況。它也可用於一些心理學實驗，讓實驗人員觀察受試者而不影響對方。

凹凸兩用鏡

材料：反光紙、硬卡紙、紙盒　　　　工具：刕刀、膠紙

工作了這麼久，休息一會吧！
啊，我想到一個反光紙玩法！

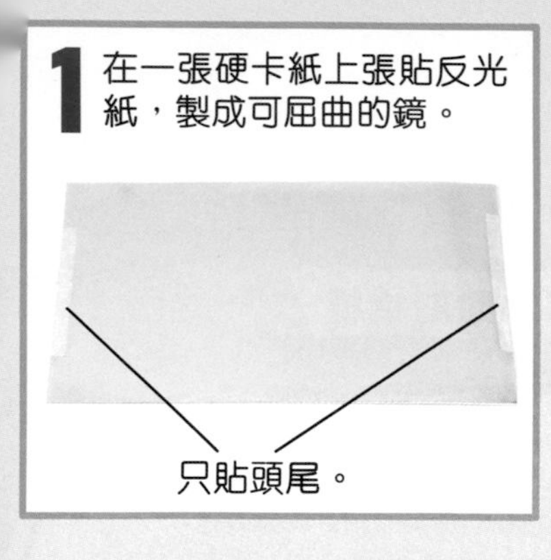

1 在一張硬卡紙上張貼反光紙，製成可屈曲的鏡。
只貼頭尾。

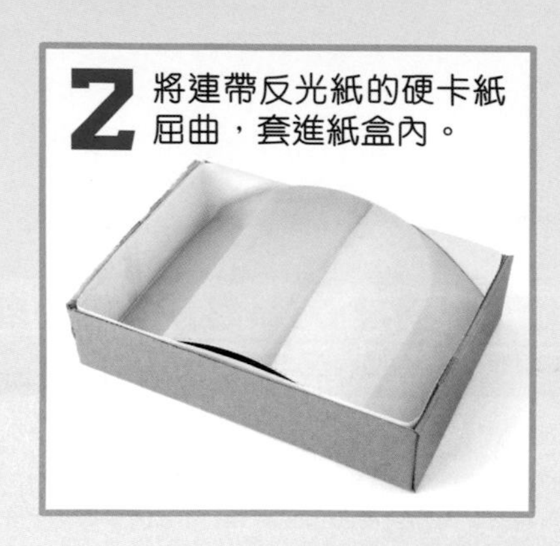

2 將連帶反光紙的硬卡紙屈曲，套進紙盒內。

STAFF
整個人倒立！

變成超級胖子！
STAFF
哈哈～樣子真怪！

火柴人！
STAFF

凸鏡和凹鏡

雖然凸鏡和凹鏡跟平面鏡都會反射光線，但由於反射面的形狀不同，導致所產生的影像亦有分別。

凸鏡的反射

凹鏡的反射

影像比原本的細小，方向一樣。

影像上下顛倒。

我才走開一會，你們就在玩耍！
我們只是在測試反光紙的性能而已～
待會兒我們就會把單向玻璃裝上去，放心啦！

PMQ Seed 2021

GREEN & ME 童理·大自然

以「設計思維」和「同理心」築起孩子與大自然間的橋樑

「全人教育」向來備受重視，期望小朋友除增長學術知識外，亦著重培養以人為本及同理心的創意思維。長久以來城市化發展，人與大自然的距離卻越拉越遠，直至疫情來襲，才令到我們深刻領悟到人與大自然是唇齒相依，在高速科技、城市化發展同時，人類仍需與大自然共存。

香港創意地標PMQ元創方多年來積極為學生籌劃各種創意教育項目，今年繼續在「創意香港」的贊助下，連續第4年舉辦專為小朋友與家長而設的PMQ Seed創意教育項目。今年項目的主題為**《GREEN & ME童理・大自然》**，項目設有「導師訓練工作坊」、「夏令營」、「小小夏令營」、「教育節」及「校園計劃」五大範疇，透過一系列以大自然為主題的體驗及活動，由一眾教育工作者和家長攜手在孩子心中播下創意種子，引導一眾3至12歲的小朋友培養同理心，繼而啟發其「設計思維」及解難能力。

傳承「設計思維」種子

於6月至7月期間，PMQ Seed夥拍由香港知專設計學院的設計思維工作團隊、溢思教育心理服務及香港戶外生態教育協會組成培訓團隊，舉辦「導師訓練工作坊」，為參與今屆PMQ Seed教學的創作單位、導師，以及參與「GREEN & ME童理・大自然校園計劃」的小學教師，提供設計思維應用、兒童心理學及環境教育等訓練課程，藉此與教育工作者交流有關幼兒教育與大自然的知識，讓他們能夠活用有關知識，將各種理念融入活動中，順利傳承予下一代。

大自然小記者 以同理心「訪問」世界

設計思維的兩項重要元素就是同理心和觀察力。「小小夏令營」於8月14至22日期間招募5至8歲的小朋友及其家長一同參與活動，由導師團隊遊沐帶領下，小朋友化身為大自然小記者，學習「慢、靜、欣賞」觀察技巧，以角色代入的方式親身走進大自然裡「訪問」動植物朋友，發揮無限創意及想像，嘗試站在花鳥蟲樹的角度去看世界，多角度地理解它們的生活、感受和需要。

化身「小海洋守護隊」 共建「你想」海洋

海洋保育是近年大眾相當關注的課題，PMQ Seed於暑假期間舉行的「教育節」亦一同響應，活動以互動遊戲區為首，配合同場的工作坊和講座，讓參與的家長和小朋友一起從遊戲中寓學習於娛樂。團隊特意於PMQ元創方地面廣場中以回收膠樽建構一個海洋世界，參與的小朋友要化身「海洋守護隊」成員，先在「童理睇心聲」學習各種不同海洋冷知識，之後於「童行海洋挑戰賽」中代入海洋生物角度去完成任務，以及了解香港沙灘垃圾問題的「童行海洋清潔隊」等。PMQ Seed希望透過以上活動，讓孩子可在有趣的環境下習得各種海洋知識，並了解到海洋生物不但有很強的適應力，更和人類一樣擁有著「同理心」。

與學童走進大自然教室

每年9月起舉行的「校園計劃」亦是重點項目之一。PMQ與創意及教育團隊精心設計出玩學兼備的活動，與學童走進大自然教室。今年「校園計劃」準備了兩大全新創意主題「微型農場」及「(Make) Sense of Nature」，分別讓小三至小四，以及小五至小六組別的學童能透過玩樂形式享受大自然之旅。

在「微型農場」中，導師透過模擬情境帶出地球上資源分配不均的情況，再引導學生用同理心去觀察他人的需要。一眾小學生從中了解到人類活動對大自然的影響，從而反思兩者之間環環相扣的關係。他們最後學習到運用設計思維嘗試構思解決方案，學習成為一個關愛事物、社會、以至世界的小公民。

「(Make) Sense of Nature」活動同樣運用設計思維，並鼓勵同學以感官探索自身與大自然的關係，達至大自然相連結，從中學會同理身邊的物與事，就著靈感設計出一個帶來正面情緒的工具或裝置，繼而與他人分享設計的成果。

大偵探
福爾摩斯
SHERLOCK HOLMES
科學鬥智短篇52
魔犬傳說(1)
厲河=改編 月牙=繪
柯南·道爾=原著 陳沃龍、徐國聲=着色
福爾摩斯 精於觀察分析，曾習拳術，是倫敦最著名的私家偵探。
華生 曾是軍醫，樂於助人，是福爾摩斯查案的最佳拍檔。

夜空中掛着一輪皎潔的明月，照亮了**格林盆**那一大片佈滿了**奇岩怪石**的荒野。刮了幾天的冷風已停了下來，四周靜悄悄的，沒有一點聲音。**查爾斯·巴斯克維爾爵士**走過長滿紫杉的林蔭小徑，來到通往荒野的門前。滿頭白髮的老爵士掏出一根雪茄，擦了根火柴把它點着。他有點**心緒不寧**地吸了幾口，吐出了一圈圈的白煙。站了一會後，他打開門走到外面去，眺望了一下月光下的荒野，又掏出懷錶看了看，好像正在等待着甚麼。

同一時間，在不遠處的樹影下，一頭猛獸的黑影**無聲無息**地趴在地上，悄悄地監視着老爵士。

「唔……怎麼還沒來……？」老爵士把弄着已燒短了一截的雪茄，又掏出懷錶瞥了一眼。看來，他已等得有點不耐煩了。

不久，「**啾——**」的一下鳴叫聲從遠處傳來。

「唔？雀鳥大都是早上才叫呀，是甚麼鳥在夜裏也叫呢？」老爵士心裏嘀咕。可是，他還未及細想，已看到前面不遠處有一團**燐光**悄悄地移動，正往他的方向走來。

老爵士赫然一驚，慌忙定睛看去，只見在那團燐光裏亮着一對紅色的眼睛，正狠狠地盯着他。

「啊！難道……難道是……**魔犬**？」老爵士感到背脊發寒，馬上轉身就跑。

「**吼**」的大叫一聲，閃耀着燐光的黑影立即追去。

「**哇——**」老爵士一邊大叫一邊拚命地往林蔭小徑的盡頭奔去。

可是，黑影卻**窮追不捨**，眼看就快追到之際，老爵士被甚麼絆着了似的，突然「啪嗟」一下倒在地上……

華生站在壁爐前，拿起擱在旁邊的一根**手杖**。

「昨夜我不在，是一位客人來訪時遺下的。」正在喝茶的福爾摩斯說。

「是根用檳榔木造的手杖呢。」華生摸了摸手杖頂端的疙瘩，又看了看其下方的**金箍**，只見上面刻着「To James Mortimer, M.R.C.S., from his friends of the C.C.H.」。

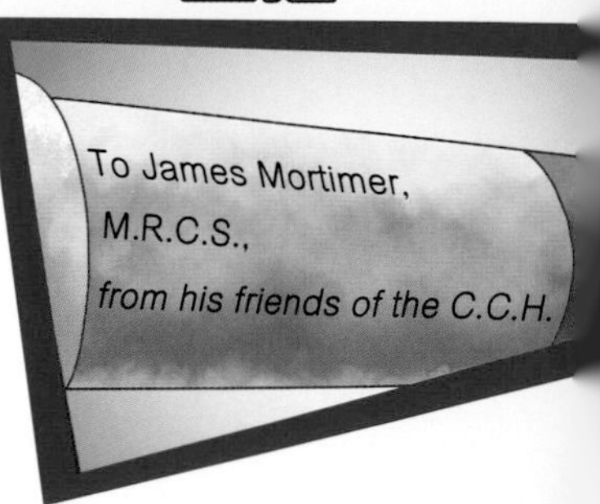

「**M.R.C.S.***即是**皇家外科學院院士**，這位**占士・莫蒂**與我是同行，還是個外科醫生呢。」華生說。

「那麼，**C.C.H.**又是甚麼意思？」福爾摩斯問。

「其中一個**C**應該是**Club**（俱樂部），另一個**C**是某個**地方的縮寫**，那個**H**嘛，看來是**Hunt**（狩獵）的意思。」華生想了想，繼續推測道，「看來，這位莫蒂醫生曾為一家狩獵俱樂部的會員看過病，會員們就把這根手杖送給他留念了。」

*Member of the Royal College of Surgeons的簡寫。

「還有呢？」

華生拿起手杖，仔細地檢視了一下末端的**金屬包頭**，說：「這個包頭已被碰得**傷痕累累**，在城市用的話應該不會這樣。唔……看來它的主人經常要在鄉間的小徑來來回回吧。從這點看來，他大概是個**鄉村醫生**吧。」

「了不起！」福爾摩斯稱讚道，「看來我一直低估了你的能力，**你自己或許不會發光，卻是光的傳導者。**」

「你這是讚美還是嘲笑？」華生有點生氣地說，「聽起來好像是說：『華生，你不是天才，卻能夠刺激天才發光。』而那個天才，就是你。對吧？」

「哈哈哈，你太過敏感了。」福爾摩斯站起來，拿過手杖走到窗邊細看。

不一刻，福爾摩斯抬起頭來狡黠地一笑：「我剛才那句話的意思，其實是：『**當我指出你的錯誤時，往往也會促使我接近真實。**』」

「甚麼？難道你認為我的推論錯了？」華生不服氣地問。

「不，你指物主是個鄉村醫生是對的。不過，這根手杖與狩獵俱樂部無關，因為**H**的意思並非**Hunt**（狩獵），而是**Hospital**（醫院）。至於**C.C.**嘛，應該是**Charing Cross**（查林十字）的縮寫，就是說，手杖是物主在查林十字醫院的同僚送的。」

H→Hospital
C.C.→Charing Cross

「但他不是個鄉村醫生嗎？查林十字可是倫敦的大醫院呀。」

「答案已寫在牆上啊。」福爾摩斯理所當然地說，「他在查林十字醫院工作過一段時間，當要搬到鄉間開業時，收到同僚一份**送別的禮物**，那就是這根手杖。」

「這個嘛……確實有道理。」華生不得不同意。

「你知道嗎？」福爾摩斯又問，「物主還養了一隻狗，是隻不大不小的**中型犬**。」

「你怎知道的？」華生訝異。

「你看看這裏。」福爾摩斯指着手杖中間的傷痕說，「這些是**狗咬的牙印**，物主看來喜

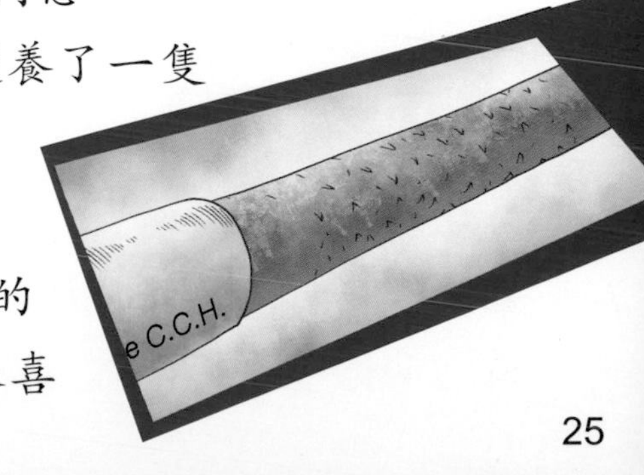

歡讓狗咬着手杖散步。從牙印間隙的大小推算，那是一隻中型犬。」

「原來如此。」

「而且——」福爾摩斯往窗外瞥了一眼，「牠還是一隻長着捲毛的長耳可卡犬呢。」

「不會吧？單憑牙印就可以推斷出狗種？」華生感到不可思議。

「嘿嘿嘿，華生，你太老實了。」福爾摩斯笑道，「單憑牙印又怎能推斷出狗種，我只是看到手杖的物主剛剛與他的愛犬下車罷了。」

「哎呀，又作弄我，太可惡了！」華生抗議。

「你聽，門鈴已響起，現在房東太太走去開門了。嘿，莫蒂醫生和他的愛犬上樓梯啦，從腳步聲看來，他應該只有30多歲，肯定不過40。」福爾摩斯像個解畫員似的，一邊聽着聲音一邊解說，「華生，你聽聽，來者正一步一步走進我們的世界之中，他會為我們帶來幸福？還是帶來災禍？他對我這個犯罪專家有甚麼期待呢？來！莫蒂醫生，請進來吧！」

話音剛落，一個體形略胖的紳士走了進來，他還拖着一隻搖頭擺尾的可卡犬。此外，他身穿一套舊西裝，戴着金絲眼鏡，兩隻眼睛炯炯有神，一看就知道是個頭腦明晰的聰明人。

「啊！太好了！太好了！」他一看到福爾摩斯拿着的手杖就興奮地叫起來，「原來在這裏，我還以為遺留在馬車上呢！這手杖很有紀念價值，丟失了的話會叫我心痛好幾個月啊。」

「是份禮物吧？」福爾摩斯問。

「是的，是份禮物。」

「查林十字醫院送的？」

「是我結婚的時候，醫院的同僚送的。」

「哎呀，射歪了、射歪了！」福爾摩斯失望地搖搖頭。

莫蒂醫生吃驚地眨了眨眼，問道：「射**歪**了？甚麼意思？」

「不，我們在玩**推理遊戲**，我以為自己正中紅心，怎料到卻**歪**了一點點。」福爾摩斯笑道，「對了，你剛才說到結婚？」

「是的，由於結婚的關係，必須掙錢養家，只好辭去醫院的工作，到鄉間開業去了。」

「你看！雖然**歪**了一點，但總體上來說也算**準確**啊。」福爾摩斯向華生笑道。

「得啦、得啦，知道你厲害了。」華生沒好氣地說，「你還沒介紹我呢。」

「啊！差點忘了。」福爾摩斯向客人介紹，「這位是我的老搭檔華生醫生，與你是同行。」

「**久仰大名！**很榮幸能認識你。」莫蒂與華生客套幾句後，不知為何**目不轉睛**地盯着大偵探的額頭，並提出了一個奇怪的要求，「福爾摩斯先生，我可以摸一下你的頭嗎？」

「甚麼？」

「我的業餘興趣是研究**頭蓋骨**，我看你的頭顱很特別，肯定會有人類學博物館願意收藏你的頭蓋骨。」莫蒂一本正經地說。

「抱歉，我倒不想**自己的首級**放在博物館中讓遊客觀賞呢。」福爾摩斯打趣地婉拒。

「是嗎？那太可惜了。」莫蒂有點失望。

「對了，你昨夜和現在到訪，不是為了來考察我的頭蓋骨吧？」

「不，我遇上一個棘手的問題，才來找你幫忙的。」

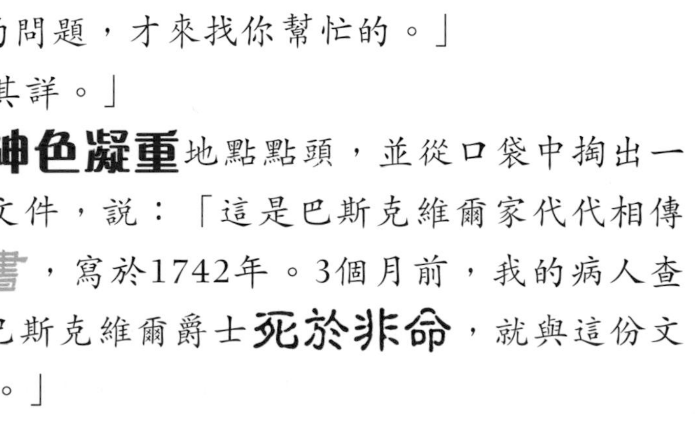

「願聞其詳。」

莫蒂**神色凝重**地點點頭，並從口袋中掏出一份發黃的文件，說：「這是巴斯克維爾家代代相傳的**古文書**，寫於1742年。3個月前，我的病人查爾斯·巴斯克維爾爵士**死於非命**，就與這份文書有關。」

「啊？為何與文書有關呢？」福爾摩斯問。

「因為，文書上記載着的一段歷史，與他的死幾乎**如出一轍**，令人感到非常不可思議。」說着，莫蒂揭開了那份古文書，道出一段叫人**聞之喪膽**的「**魔犬傳說**」……

在18世紀的混亂時代，這座巴斯克維爾莊園的主人是**惡名昭著**的**雨果·巴斯克維爾**。他是個**卑鄙無恥**、**無惡不作**的大壞蛋。不過，在那個弱肉強食的時代，為了生存，人們多多少少都沾染了惡俗之氣，**無視法紀**乃家常便飯。所以，鄉鄰們對雨果的惡行也只好聽之任之，並沒有加以約束。

不過，這種放任助長了雨果的囂張氣焰。他竟然強搶**良家婦女**，把一個少女擄走，並囚禁於莊園樓上的房間之中。是夜，當雨果與他那幫**豬朋狗友**飲酒作樂、慶祝奪得美人歸時，少女在驚恐之下，冒着摔死之險，攀着窗外的藤蔓爬到樓下逃走了。

她一直跑呀跑，穿過佈滿奇岩怪石的沼地，直往9哩外的家逃去。但與此同時，雨果發現少女不見了，就叫那幫損友放出十多隻獵狗追趕。他自己更率先騎上綽號「**黑流星**」的愛駒全速追捕。

當豬朋狗友們拿着火把走到荒野的沼地時——

噠噠噠……噠噠噠……噠噠噠……噠噠噠……

一陣馬蹄聲在眾人的前方傳來，不一會，那匹壯馬「黑流星」竟口吐白沫，兩蹄發軟似的向他們走過來。豬朋狗友們大驚之下慌忙趨前看去。此刻，他們看到韁繩拖在地上「**嚓嚓**」作響，馬背更只餘空座，鞍上人已失去了蹤影！

眾人雖然已被嚇破了膽，但雨果不見了，也只好硬着頭皮前行搜索。他們在沼地上走着走着，終於看到了幾隻獵狗。但叫人驚懼的是，牠們竟在一塊大石下**縮作一團**不斷地哆嗦，還發出「嗚嗚」之聲，像求饒似的哀叫。

眾人見到此情此景，連僅餘的醉意也消失得**無影無蹤**。

「不如……走吧……」有人提議。

「不行，雨果可能出了事，必須找到他。」也有人反對。

眾人稍作商量後只好繼續前行，但走了幾步，就看到一隻倒在地上的獵狗。再往前走了幾步，又看到另外兩隻獵狗倒在地上。最後，他們更看到兩個人的屍體雙雙**橫陳地上**，他們不是別人，正是那個逃脫的少女和雨果！

就在這時，在慘白的月光下，一團令人感到**毛骨悚然**的青光忽然在黑暗中閃現。同一瞬間，「**吼**」的一聲炸響，一頭**體碩如牛**的魔犬凌空撲出，猛地往其中一人的喉頭咬去……

「那幫豬朋狗友中，只有一人趁亂死裏逃生，把上述那個親眼目睹的情景說出來。」莫蒂從古文書中抬起頭來，**猶有餘悸**似的說，「這份文書，就是根據那個倖存者的口述寫成的。其後，據傳有多位巴斯克維爾的後人在那片荒野的沼地上**死於非命**，所以，這份文書以這句說話作結——子孫們啊！求神庇佑，你們千萬不要在惡靈肆虐的黑夜前往那片荒野，否則，必會墮入萬劫不復的深淵啊！」

「好一個駭人聽聞的『**魔犬傳說**』呢。」福爾摩斯以**半信半疑**的語氣問道，「莫蒂先生，你不是暗示三個星期前的那起命案，也跟魔犬作惡有關吧？」

「這不是暗示，而是**聯想**。」莫蒂說，「巴斯克維爾爵士就倒在通往與荒野相鄰的紫杉小徑門外，當管家**巴里莫亞先生**發現他深

夜未歸，走去找到他時，他早已**一命嗚呼**了。」

「啊？難道他就如雨果那樣，是被**咬死**的？」華生好奇地問。

「不，我接到管家通知後第一時間趕去，看到他倒在小徑的盡頭附近，發現他是**心臟病發**而死的。」莫蒂說到這裏，「**咕咚**」一聲吞了一口口水，臉帶懼色地說，「不過，除了爵士的足跡外，在小徑和屍體四周，我還發現了其他**足跡**。」

「其他足跡？是男的還是女的？」華生問。

「都不是。」

「都不是？難道——」福爾摩斯眼底閃過一下寒光。

「**沒錯！是犬類動物的爪印！**」莫蒂兩眼瞪得大大的說，「不過，爪印非常大，大得令人不敢相信。由於我看過剛才那份古文書，馬上就聯想到魔犬了！爵士一定是遇上**魔犬**，被嚇得心臟病發而死！」

福爾摩斯無言地盯着莫蒂，眼神中充滿了疑問。

「你不信嗎？」莫蒂慌忙補充，「我是爵士的醫生，也是他的好友，一向知道他有心臟病。而且，他早年喪妻，膝下無兒，雖然**家財萬貫**，但生活得很簡樸。由於年輕時拚命工作賺錢，不太重視自己的健康，所以老後**百病纏身**。近來他的心臟惡化得很厲害，其中一個原因就是看到這份古文書後，對莊園外的沼地心生恐懼，終日顯得**提心吊膽**。因此——」

「且慢。」福爾摩斯抬手問道，「那份古文書不是爵士家**代代相傳**的嗎？他應該早已看過呀，為何到了最近才為古文書上的傳說而提心吊膽，被嚇得病情惡化呢？」

「這個嘛……」莫蒂答道，「我也不太清楚，據他說自幼已聽過這個傳説，在兩年前搬回莊園定居時並不放在心上。不過，幾個月前整理莊園的**舊物**時，偶然發現了這份古文書。一讀之下，他就像着了魔似的被那段傳説纏住了。自此之後，他説在夜裏常常聽到荒野傳來一陣陣恐怖的**嗥叫**。」

「原來如此……」福爾摩斯沉吟半晌後問，「爵士既然被傳説弄得**心緒不寧**，應該對那片荒野有戒心才對呀，為何事發當晚還要走到荒野旁的紫杉小徑上去呢？」

「他在晚飯後有到小徑去**散步**的習慣，那兒的紫杉長得很茂密，就像一堵圍牆那樣把荒地隔開，只要不走到外面去，是很安全的。」莫蒂遲疑了一下，繼續道，「只是……只是當晚不知為何，他打開了與荒野相通的一道門，還在那兒站立了大約**5至10分鐘**。」

聞言，福爾摩斯眉頭一皺：「你剛才説爵士倒在小徑盡頭附近，這麼看來，他最先是站在通往荒野的門旁，然後才走到小徑盡頭倒下吧？」

「是的，從門旁到小徑盡頭，都留有他的**鞋印**，但每個鞋印都只有**前半個**，鞋跟並沒有印在地上。」

「這證明他當時正在逃命，因為拚命奔跑時多是**前掌**先着地，並承受了體重的全部壓力，在地上留下的鞋印自然較深。反之，腳掌後半部承受的壓力較少，腳跟留下的鞋印就不太明顯了。」福爾摩斯説完，想了想又問，「你説爵士在門旁站立了大約**5至10分鐘**？是如何得知？」

「啊，是這樣的。巴斯克維爾爵士有抽雪茄的習慣，我在門旁的地上找到**一根點過的火柴**，和**一根燒了三分一的雪茄**。從雪茄的長度推斷，就知道他站在那裏大約5至10分鐘了。」

「很好！你比孖寶幹探更有探案的潛質呢。」福爾摩斯笑道。

「孖寶幹探？」莫蒂不明所以。

「那是我們**又愛又恨**的兩個好朋友，他們雖然是蘇格蘭場的警探，但探案的能力卻叫人不敢恭維。」華生解釋道。

「恕我們岔遠了。」福爾摩斯回到正題，「在這個季節，你們那兒的夜晚應該還頗冷。爵士在又冷又夜的荒野邊陲抽了5至10分鐘雪茄，不會是站在那裏乘涼吧？我認為他是在**等人**，但他在**等誰**呢？」

「我跟你的想法一樣，估計他死前是在等人，但想不到他在等誰。」莫蒂說，「而且，為了減輕傳説帶來的焦憂，我建議他暫時到倫敦來休養一段時間。他已買了車票，本來在**第二天一早**就要動身的，按道理他當晚應該早點休息才對。」

「**啊？在動身前一晚遇害？**」福爾摩斯眼底閃過一下寒光，「除了你之外，有人知道他這個決定嗎？」

「有呀，管家巴里莫亞夫婦一定知道。此外……」莫蒂想了想説，「與爵士非常投契的博物學家**斯特普頓先生**也有勸爵士到外地休養，他肯定知道爵士來倫敦的事。賴福特莊園的**弗蘭克蘭先生**雖然脾氣古怪，常常疑神疑鬼，但與爵士的關係尚算不錯，爵士走之前一定跟他打了招呼。此外，莊園**附近的農民**常常上門兜售蔬果，爵士很喜歡與他們搭訕，很有可能提及來倫敦的事。」

「這麼多人知道嗎？」福爾摩斯臉上閃過一下不安。

「有甚麼問題嗎？」華生察覺老搭檔神情有異，於是問道。

「沒甚麼。」福爾摩斯故意避而不答，並向莫蒂再問，「事發當晚，有沒有**目擊證人**呢？」

「沒有，但有個吉卜賽**馬販子**在附近路過，説好像聽到有呼喊的聲音，和幾下嗥叫。不過，他説當時醉得很厲害，也有可能聽錯。」

「僅此而已？」

「當晚的情況確是只有這些。」莫蒂説，「但慘案發生後，魔犬的説法**不脛而走**，紛紛有人走出來説見過那頭魔犬，説牠體形龐大，只在黑夜

出沒，身上還帶着**青光**，非常恐怖。」

「你相信這些傳言？」福爾摩斯問。

「我是醫生，醫生必須講求實證的科學精神。所以，我去查問了三個人，一個是精明能幹的**鄉下人**、一個是敦厚老實的**鐵蹄匠**、一個是對沼地瞭如指掌的**農戶**，他們異口同聲都說『魔犬傳說』中的怪物與他們目擊的幾乎一模一樣。現在，整個地區都陷入恐慌之中，已沒有人夠膽在入夜後穿過那片荒地了。」

「這麼說來，講求科學精神的你也相信這種**超自然現象**了？」

「說來慚愧，我現在已不知道信甚麼好了。」

「作為一個私家偵探，我只能調查現實世界發生的事情，對付罪惡的話，我膽敢說自己的能力**綽綽有餘**，但要我去**降魔伏妖**的話，實在**愛莫能助**啊。不過，你說的那些巨大足跡，是真真正正可以用肉眼看到的吧？」

「我親眼看到的，當然是肉眼能見。」莫蒂**斬釘截鐵**地說，「正是這點，令我不得不相信魔犬的存在啊！」

「這樣的話，你已是個超自然現象的信奉者了。」福爾摩斯斜眼看了看眼前的鄉村醫生，「既然如此，你為甚麼來找我呢？我是不能也不會去對付魔犬的呀。」

「不，我並不是要你去對付魔犬。我只是想你見見**亨利·巴斯克維爾爵士**，向他提供一些意見罷了。」

「又一位姓巴斯克維爾的爵士？」華生不禁好奇。

「他是死者的**侄兒**，很快就會抵達滑鐵盧火車站。」莫蒂看了看懷錶，「準確來說，是在1小時零15分後下車。」

「他是遺產繼承人？」福爾摩斯問。

「是，由於我是遺囑執行人，很清楚遺囑的內容。所以，馬上通知在加拿大**經營農場**的亨利·巴斯克維爾爵士，請他來辦理繼承遺產的手續了。」

「他是**惟一的繼承人**嗎？」

查爾斯·巴斯克維爾爵士
二弟約翰　三弟羅傑

「老爵士有兩個弟弟。**二弟約翰**早死，其獨子就是這位亨利。**三弟**叫**羅傑**，據說是家族中的敗類，就像傳說中那個被魔犬咬死的雨果那樣**專橫跋扈**。」莫蒂說到這裏，突然壓低聲調，以耐人尋味的語氣繼續道，「最神奇的是，他的長相跟畫像中的雨果也**一模一樣**。不過，由於犯了事逃到中美洲去，後來得了黃熱病死了。老爵士似乎很討厭這個弟弟，對他的事情不欲多談，只說他死時**孤身一人**，並沒有兒女。所以，亨利是巴斯克維爾家僅存的子孫。」

「明白了。」福爾摩斯俯身摸了摸趴在地上的可卡犬，「但具體說來，你想我為他做些甚麼呢？」

「我也不知道啊。但總是**心緒不寧**，恐怕『魔犬傳說』會在亨利的身上應驗。」莫蒂苦惱地說，「所以，我想請你向亨利提供意見，看看該怎麼辦。」

「是嗎？」福爾摩斯狡黠地向華生遞了個眼色，「我很**貴**啊，加上還要調查魔犬，費用就更難以計算了。簡單來說，**幾百鎊**是少不了的，沒問題吧？」

「這個嘛……」莫蒂猶豫了一下，「我要問一問亨利爵士，畢竟費用要由他來付。」

「好呀。如果他不嫌貴的話，**明早10點**帶他來這裏吧。」

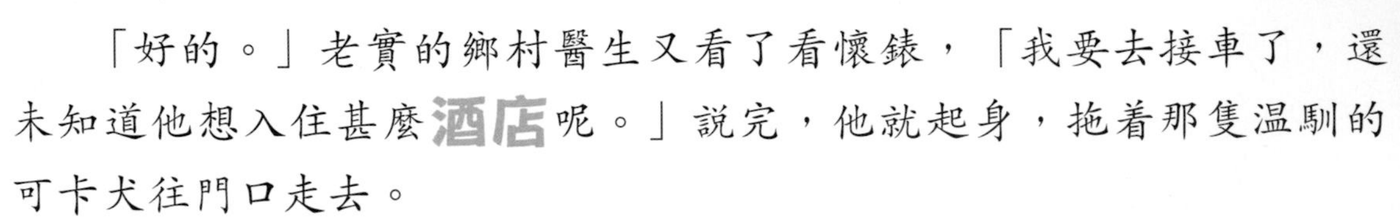

「好的。」老實的鄉村醫生又看了看懷錶，「我要去接車了，還未知道他想入住甚麼**酒店**呢。」說完，他就起身，拖着那隻温馴的可卡犬往門口走去。

「啊，對了。」福爾摩斯叫住莫蒂，「你剛才說有人親眼見過魔犬，那是爵士**過身前**還是**過身後**的事？」

「那是過身前的事。他過身後，我還沒聽說有人見過牠。」

「謝謝你，再見。」

福爾摩斯待下樓梯的腳步聲走遠了，才說道：「這個案子看來非常有意思，就算沒有酬勞，我也想接下來呢。」

「是嗎？你剛才不是說收費很**貴**嗎？」華生訝異，「我還以為你故意提高叫價，想把他嚇走呢。」

「**嘿嘿嘿……**」福爾摩斯狡猾地一笑，「反正那位亨利·巴斯克維爾先生飛來橫財，花幾百鎊**買個安心**也不算得甚麼呀。不趁機敲一筆，又怎對得起自己。而且——」

「而且？而且甚麼？」

「而且，此案牽涉巨筆遺產，又有幾個**耐人尋味**之處，我已感到案中隱藏着**重重殺機**，收他幾百鎊一點也不貴。」

「幾個耐人尋味之處？究竟是甚麼？」華生緊張地問。

「你剛才沒聽出來嗎？」福爾摩斯臉色一沉，道出了以下幾個疑點。

①那份古文書被發現後，魔犬才突然在那片荒野出沒。倘若傳說是真的，牠之前又躲到哪裏去了？難道古文書是封召喚書，把牠從魔界中召出來了？

②事發當晚，巴斯克維爾爵士為何在冷颼颼的深夜與人相約見面？地點還定在他最害怕的荒野邊陲？那人是誰？有依約而來嗎？

③爵士已決定來倫敦休養，卻在動身前一晚遇害。時間上是否太過巧合？這種巧合又意味着甚麼？

④不止一個人見過魔犬，那些人卻沒有遇襲，難道魔犬專挑巴斯克維爾家的人施襲？原因又是甚麼？

⑤為何爵士遇害後的這三個星期裏，沒有人再見過魔犬？牠為甚麼忽然消失了？

⑥魔犬如是超自然的靈異現象，為何會留下實實在在的爪印？幽靈鬼怪不是來無蹤去無影的嗎？如魔犬不是靈異現象，牠的真身又是甚麼？

下回預告：老爵士的遺產繼承人亨利·巴斯克維爾到訪，道出在酒店收到一封用剪報拼湊而成的信件，警告他不得前往巴斯克維爾莊園，否則性命不保。更離奇的是，他的一隻皮鞋神秘失蹤！福爾摩斯如何破解謎團？

Q1 為甚麼磁石可以互相吸在一起？

香港中文大學
生物及化學系客席教授
曹宏威博士

黃竣頎　將軍澳循道衛理小學　二年級

磁石附近有着肉眼看不見的磁場。當兩塊磁石靠近，彼此的磁場便會互動。如果靠近的兩個磁極相同，就會互相排斥；若兩個磁極相反，則會相吸。

雖然肉眼看不見磁場，但我們可以用一塊薄紙，把磁石放在紙下，隔着紙在另一邊輕輕散置鐵粉於其上，就會看到兩極有磁線弧形地相連。

那麼，磁場又是從何而來的呢？磁場其實是由電場而來的，亦即物質因有電子的流動，於是產生磁力。在磁石內，其實也有電流——每粒元素原子都有其電子圍繞，這些電子圍着原子轉動時就在流動，可視作電流。電子以順時針或逆時針方向轉動，就會產生一個特定方向的磁場。當很多電子都以相同方向轉動，產生的磁場方向較統一，就會使整塊磁石出現明顯的南北兩極，並產生磁力了。

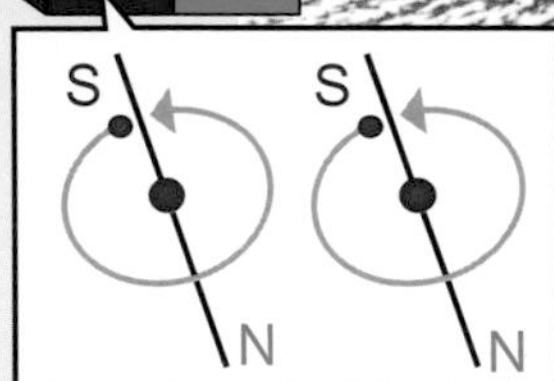

每顆原子的磁極方向大致一樣，整體便使物件帶有明顯的磁極。

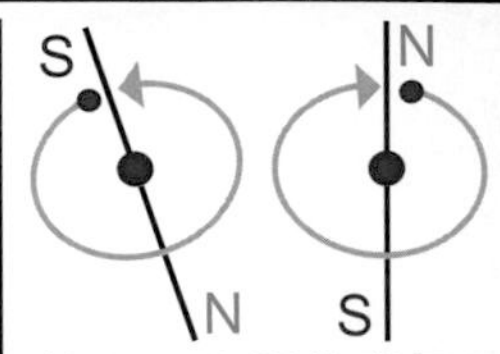

若原子之間的磁極互相抵消，物件便不帶磁極。

Q2 人為甚麼會有近視，動物也會有近視嗎？

皮子矜　救世軍韋理夫人紀念學校　六年級

人類患上近視，絕大多數是後天因素形成的。這些因素主要是一些不良生活習慣，令眼球形狀偏長或晶體的屈光度太大，導致影像不在視網膜聚焦，而是在其前方，使成像變得模糊。這些壞習慣包括閱讀距離太近、盯着螢幕過久勞累、在昏暗環境下看書等。各位讀者，眼睛是靈魂之窗，我希望你愛護眼睛，注意保持正確的閱讀習慣！

動物不會看書或看手機，也不會過度集中精神、耗損視覺，似乎不會患上近視。不過，也有科學家初步發現獼猴、樹鼩、貓等動物，在一些人為檢視的環境下，可誘使牠們患上近視。至於在大自然中，動物會否患上近視，則仍待研究。

另外，也有一些動物本身就弱視或幾乎失明，像狗本身就看不清近物。還有一些住在洞穴或深海的生物，由於長期處於黑暗中，視力可有可無，牠們的視覺會否變差不須深究，因為眼睛功能不高是其生活環境使然，只是演化的結果而已。

在深海生活的大王具足蟲眼睛雖大，視力卻不好。牠主要依靠觸角來感應水中的震動及化學物質的微小變化來感應外界。

為鼓勵讀者多思考多發問，編輯部將向被選中刊登問題的讀者寄出紀念品一份！

漫遊太空館展覽：銳眼探穹蒼

詹姆斯·韋布太空望遠鏡

你可能聽過哈勃太空望遠鏡，但你又是否認識它的「接班人」——韋布太空望遠鏡？它的性能比哈勃更強勁，計劃於 2021 年 12 月升空，2022 年展開觀測任務。

香港太空館特設免費展覽，深入淺出介紹這座新一代太空望遠鏡的嶄新技術和任務。

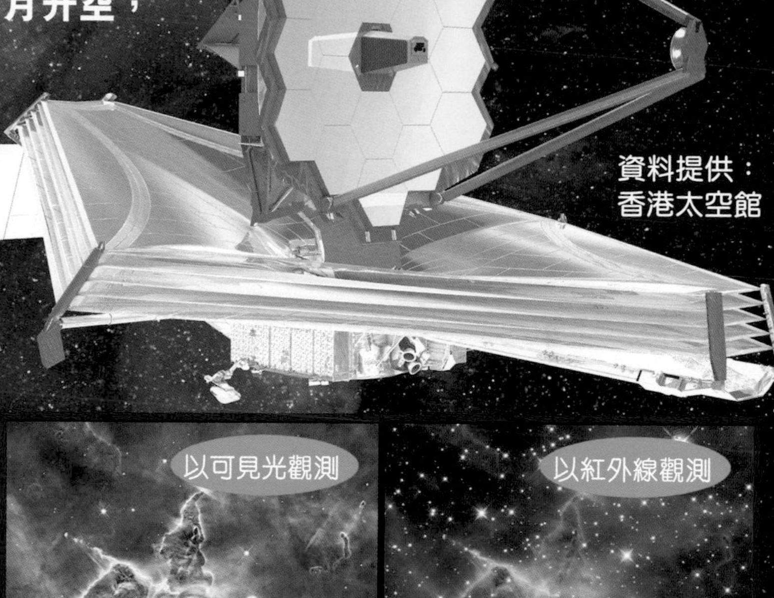

圖片鳴謝：NASA's Goddard Space Flight Center

資料提供：香港太空館

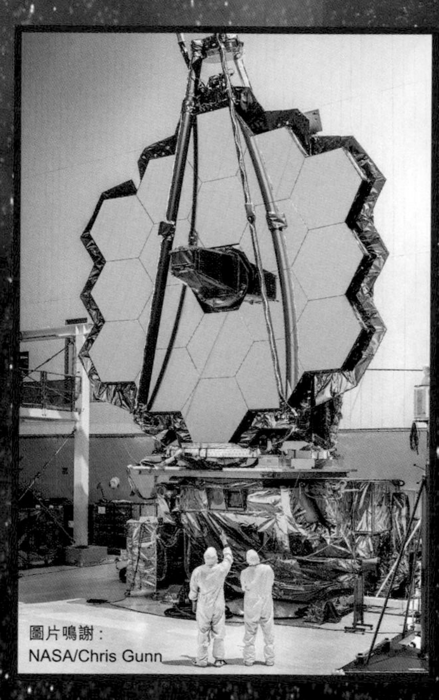

圖片鳴謝：NASA/Chris Gunn

以可見光觀測

以紅外線觀測

圖片鳴謝：NASA/ESA/M. Livio & Hubble 20th Anniversary Team (STScI)

▲船底座星雲的可見光（左）和紅外線（右）影像。

六邊形鏡瓣

韋布望遠鏡的主鏡直徑達 6.5 米，由 18 塊六邊形鏡瓣組成。望遠鏡會調節鏡瓣的角度，實現完美對焦。

展覽展出其中一塊鏡瓣的原大仿製品。

用紅外線看宇宙

紅外線能夠穿透塵埃和氣體，星雲在紅外線下會顯現更多恒星。

天文學家會善用韋布望遠鏡這項技術，以了解恒星的誕生。

元祖級觀星望遠鏡

▲同場展出天文學家伽利略在 1609 年使用的望遠鏡仿製品！

圖片鳴謝：Museo Galileo, Florence, Italy

展期	即日至 2022 年 5 月 30 日	展出地點	香港太空館大堂	費用全免
網址	hk.space.museum	查詢電話	2721 0226	

開心禮物屋 努力後的獎勵

不管測驗成績如何，你都可以給自己頒一個努力溫習獎！

參加辦法
在問卷寫上給編輯部的話、提出科學疑難、填妥選擇的禮物代表字母並寄回，便有機會得獎。

A 10合1豪華棋盤

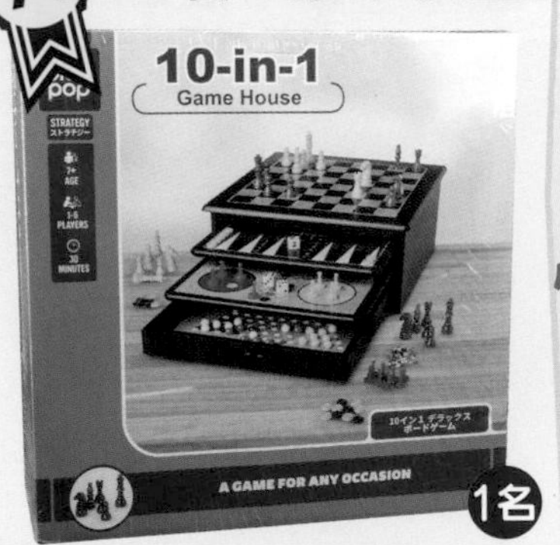

1名

連大型收納木櫃，最宜與親友同樂！

B 4M創意泥膠鋼琴

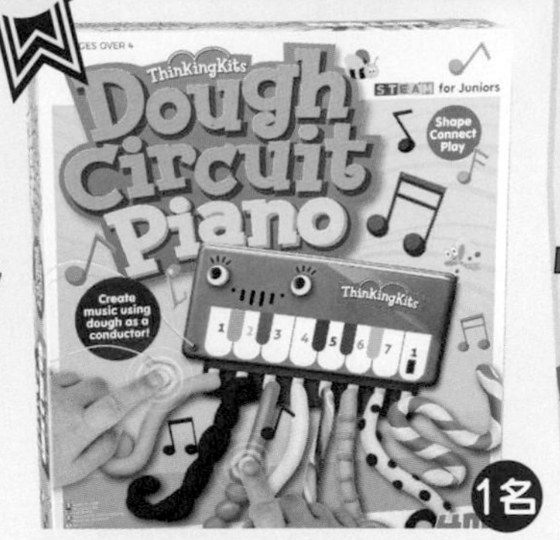

1名

創造出屬於自己的鋼琴！

C LEGO RT32 小城故事：氹氹轉

1名

問問長輩，有沒有在遊樂場玩過「氹氹轉」？

D 科學大冒險 3+4 集

人氣科普漫畫！ 1名

E 大偵探福爾摩斯 數學遊戲卡

內附52張卡，一邊玩一邊提升心算能力！ 1名

F 大偵探變聲器

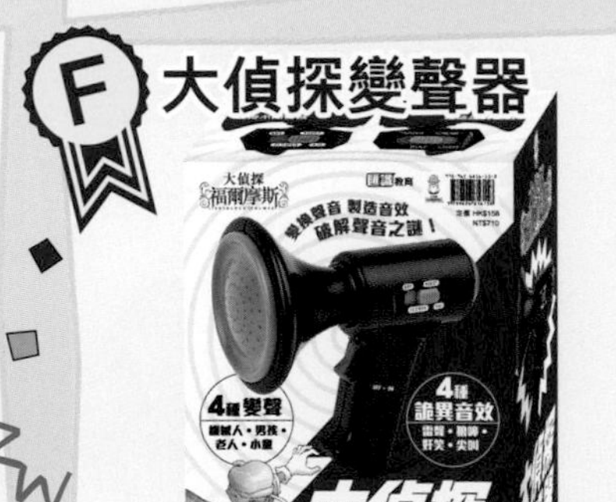

1名

含4種變聲及4種特別音效！

G TOMICA 車仔系列：Hitachi 雙臂車

1名

日本 TOMY 玩具公司的經典系列！

H 星光樂園遊戲卡福袋

2名

每個福袋含卡超過50張！

I LEGO NINJAGO 忍者文具套裝

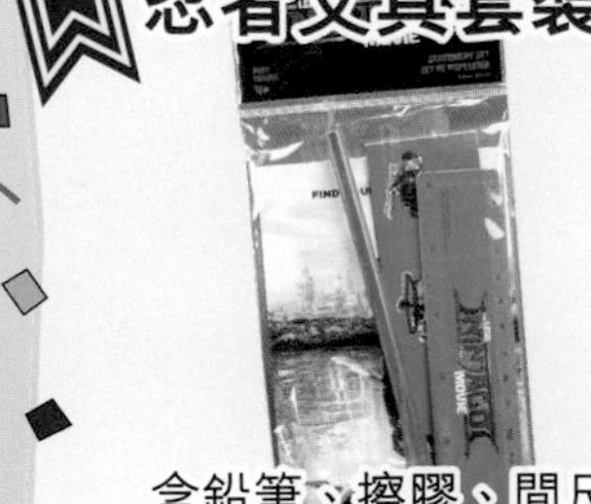

2名

含鉛筆、擦膠、間尺、貼紙和記事簿！

第197期得獎名單

	禮物	得獎者
A	Twister 扭扭樂	郭子軒
B	LEGO 43177 迪士尼公主魔法書 美女與野獸	梁芷嫣
C	大偵探福爾摩斯健康探秘	文善瑜 何希晨
D	肥嘟嘟華生公仔	呂曉頌
E	科學 DIY 1+2 集	關立行
F	大偵探動畫機	鮑愷俊
G	五款工程車仔套裝	劉木柏
H	星光樂園遊戲卡福袋	郭宇詩
I	ROBOT 魂 V2 高達	Cheung King Tai

規則

★問卷影印本無效。
★得獎者將另獲通知領獎事宜。
★實際禮物款式可能與本頁所示有別。
★匯識教育公司員工及其家屬均不能參加，以示公允。
★如有任何爭議，本刊保留最終決定權。
★本刊有權要求得獎者親臨編輯部拍攝領獎照片作刊登用途，如拒絕拍攝則作棄權論。

截止日期：11月30日
公佈日期：1月1日（第201期）

誰改變了世界？
法醫學之父
宋慈
《兒童的科學》
創作組 = 編
Yuthon = 插畫

「**不得了！不得了！**」一個年輕的**捕快***一邊大叫，一邊跑進書房。

只是當他看到上司**捕頭**正與**提刑官***説着話，便登時停步，慌忙躬身一揖道：「啊，頭、頭子在跟大人議事嗎？」

「混賬！**大呼小叫**的，成何體統？」捕頭瞪着對方喝道。

「殺、殺了人……」年輕捕快説得有點**顛三倒四**，「啊，不！是有人被殺了！」

「哪裏？」提刑官急問。

「在城外小山坡那邊。」年輕捕快回道，「有人**報案**，發現有個**男人**倒在路旁，身上還沾滿**鮮血**。」

「報案者呢？」

「在外面的**公堂**候着。」

「好，出去看看。」

提刑官向報案者問明情況，就聯同數名捕快、仵作等人跟着對方前往現場，只見一具**屍體**伏在石路旁，身上一片**血紅**。仵作和捕快見狀，立即上前**檢查**。

不一會，提刑官問道：「情況如何？」

「大人，死者身上有十多處傷口，應該都是**利器**造成的。」仵作説。

*衙門差役簡稱「衙差」，屬於沒有品位的地方官府行政人員，負責偵緝、協助處理行政與司法等事務。當中緝拿罪犯的「捕快」、檢驗和處理屍體的「仵作」都屬於衙差之一。
*提刑官：全稱「提點刑獄公事」，初設於北宋時期，管轄各州司法、刑獄、監察等。

「看得出是甚麼利器嗎？」

「似是鐮刀。」

這時，年輕捕快亦上前稟告：「大人，死者身上有個包袱，但沒有被搜掠的痕跡。」

「包袱完好無缺，就不是搶劫殺人。」提刑官走近屍首，蹲下來細看一遍，喃喃自語，「十數處刀傷……兇徒似乎對死者恨之入骨，才會如此殘忍地攻擊對方這麼多次。」

「大人，接下來怎麼辦？」捕頭問。

「查問附近的人，看看有何可疑之處以及有誰認得死者。」提刑官說。

「是！」一眾捕快應道。

不一會，眾人回來，後面還跟着十多個村民。捕頭指着其中一名村婦說：「大人，這婦人說她丈夫已數日未歸，想來看看。」

「好。」

那婦人一看到屍體，就「啊」地驚呼一聲，接着大哭起來。她想撲上前去，卻被捕快們攔着。

「夫人，你現在不能碰他，會影響檢驗的！」年輕捕快急道。

這時提刑官見聚集的民眾愈來愈多，為免阻礙調查，遂下令隔開閒雜人等，然後詢問那村婦：「死者就是你丈夫？沒認錯吧？」

「對，那就是外子。」村婦哭道。

「看其模樣，似乎是仇殺，你知道他生前與誰結怨最深嗎？」

「外子他為人和善，根本不會與別人結怨，只是……」

「只是甚麼？」

「幾天前，村內的張三曾問外子借錢，但並未談妥，除此之外就沒別的事情了。」

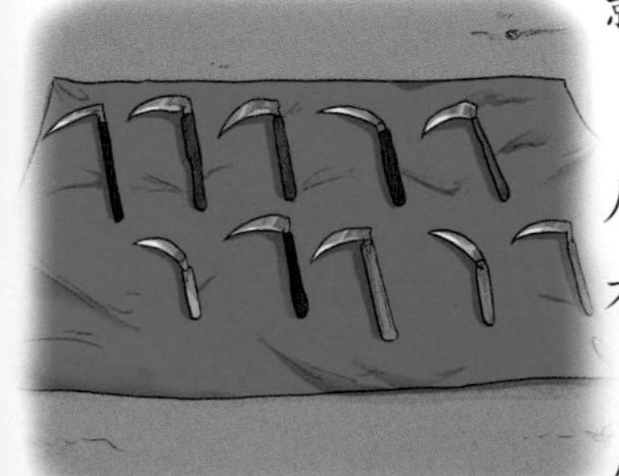

提刑官略一沉吟，隨即吩咐捕快：「通知附近居民，將所有鐮刀交出來檢驗。若有藏匿，那人必有殺人嫌疑，一定徹底查辦！」

於是，村民只好回家，將所有用來收割禾稼的鐮刀取出，逐一排在地上。

當提刑官仔細觀察那些鐮刀時，就看到一個**古怪**的景象，並由此發現**真相**。究竟那景象是甚麼？兇手是誰？且容後再述。

這宗案件收錄於13世紀寫成的**《洗冤集錄》**內，此書被視為世界首部系統清晰的法醫學專著。作者**宋慈**多年來專司刑獄檢驗的工作，亦因此書而被稱為「**法醫學之父**」。可是，這位「法醫」最初卻是負責軍務，在外領兵打仗。

剿匪立功

1186年（南宋淳熙十三年），宋慈生於**建寧府**（即今日福建）的建陽。31歲時中進士*，原於次年被委派至浙江鄞縣擔任尉官。只是剛巧其父不幸逝世，按例須回鄉**守喪**三年。至1226年才出任江西信豐縣**主簿***一職，後獲贛州的知州*鄭性之賞識，招為**幕僚**。

就在任期結束之後，江西的三峒發生**叛亂**。賊匪攻佔了南安、南雄、贛州三郡地區，並據守石門及高平二寨。於是朝廷委任葉宰統籌征剿工作，並特聘宋慈協助**平亂**。宋慈請調三百名士兵，進攻石門寨，抓住寨中首領。及後他率軍進攻高平寨，並生擒首腦謝玉崇。另一賊首曾志見己方大敗，只好率眾投降。

由於他**平亂有功**，被舉薦到長汀*擔任**知縣***。期間，他察覺從閩中以海路運送食鹽到當地，竟花了一年時間，**費時失事**，於是要求改在潮州從內河運輸，往返時間**縮減**至三個月。他又將鹽減價出售，減輕百姓負擔，**為民稱頌**。

另外，因知縣須管理一方百姓，包括**司法之事**，宋慈開始接觸刑案方面的工作。數年後，他先後調任邵武軍通判*及南劍州通判，至1239年改任廣東提點刑獄。該職位專責**司法刑案**，而通判須巡查地方，能聽聞許多案件處理與檢驗的手法，知曉如何解開犯人詭詐的機關。宋慈因此累積了許多寶貴的經驗。

*在中國科舉中，若考生考獲最後一級的朝廷考試，就能成為進士。
*主簿是中國古代官職，始設於漢代，主要負責起草文書、保管檔案和印鑑等工作。　*知州就是一個州份的行政長官。
*長汀縣，位於福建省西部。　*知縣，全稱「知某縣事」，或稱「縣令」，掌管一個縣內的行政、稅務等事宜。
*通判，始設於五代十國至北宋時期，掌管兵民、賦役、獄訟等各項事務，兼監察知州，以防地方官員因權大而專擅作亂。

他將那些知識**記錄**下來，配合舊籍如《內恕錄》的分析，加以考查並整理匯編，至1247年出版**《洗冤集錄》**。書中分成五卷，包含**現場勘察**、各種**死因檢驗**等內容，佐以不同的案例，**條理分明**。在此介紹書中提及的數個案件，看看當時法醫檢驗的厲害之處吧！

法醫昆蟲學的先驅——鐮刀案

開首提及，提刑官發現了甚麼奇異的景象，令他掌握真相？原來是一羣**蒼蠅**正在其中一把**鐮刀**上飛來飛去，**徘徊不止**。

他拿起那把鐮刀細看，接着朗聲質問：「這把鐮刀是誰的？」

村民**面面相覷**。這時一個男人走出來躬身說：「大人，那是草民的。」

「你的？」提刑官把鐮刀放回原處，問道，「你叫甚麼名字？近來有否將刀借給他人使用？」

「草民名叫張三，不曾借出過鐮刀。」

提刑官**凝視**對方片刻，隨即下令：「**來人，抓住他！**」

「是！」兩名捕快即時上前架住那男人。

張三**慌張**地問：「大、大人，這是怎麼回事啊？」

「你就是**兇手**。」

「草民與死者無怨無仇，哪會殺他呢？」張三呼喊道，「請大人別冤枉草民啊！」

「還想**抵賴**？地上這麼多把鐮刀，只有你的惹來蒼蠅聚集。」提刑官的眼睛閃過一絲**寒光**，厲聲說，「你殺了人後，雖抹掉了鐮刀上的血，但**血腥味**仍留在刃上。那些蠅子就是被血腥味**吸引**，才追着鐮刀不放！」

張三**百口莫辯**，腿子一軟，跪了下來，囁嚅着承認自己殺人。

村民們看到此情此景，無不歎服。

蒼蠅屬於**雜食性昆蟲**，尤好甜食與腐食。有些如食蚜蠅以吸取花蜜為生，有些如牛蠅、馬蠅等則啜飲動物的血液。還有一些家蠅會吃腐肉或糞便，其嗅覺極之**靈敏**，在動物死亡後不久就會飛到現場，吸食腐肉，並在屍體上產卵。

提刑官知道蠅子有**嗜腥**的習性，明白鐮刀上曾經**沾血**才會吸引牠們。由此推斷那可能是兇器，並**順藤摸瓜**找出兇手。

在現代鑑證中，有一門稱為「**法醫昆蟲學**」(Forensic entomology)，就是利用昆蟲生態作為調查線索。鐮刀案被視為該領域最古老的有記錄案例，比歐洲至18世紀才開始運用昆蟲查案還要早幾百年。

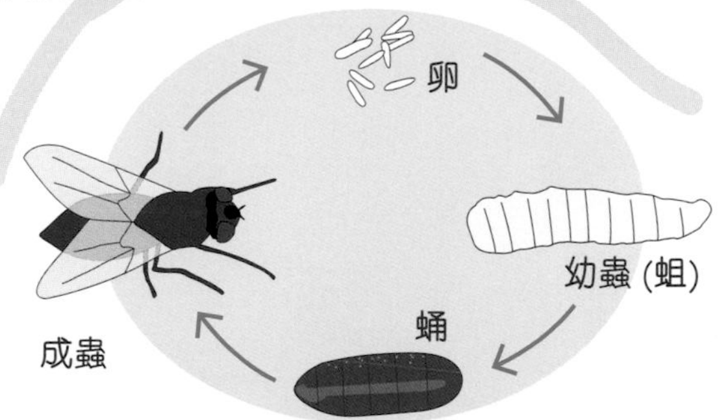

↑就算屍體已經腐爛，現代法醫可透過在其中生活的蒼蠅幼蟲種類與繁殖情況，準確地推斷死者的死亡時間。

複檢案情查清真相

自1244至1246年，宋慈調任**廣西提刑官**。他巡視各地，複查審核案件，彈劾違法官吏，替許多百姓雪冤。期間他聽聞過一個**案件**，並將之記錄於《洗冤集錄》裏。

在某地鄉村，一名村民的外甥與鄰居帶了工具上山，準備開墾地方種米。後來，留在山下工作的村民等了兩天，仍未見兩人回來，非常**擔心**，遂上山尋找，卻發現那兩人竟**死掉**了，於是立即趕去報官。當時負責檢查的官吏與一眾衙差到達案發現場，只見一人伏在一間茅屋外，另一人則倒臥於屋內。

一名捕快向檢官報告：「大人，兩名死者身上的衣服、用品、錢財等都**沒缺漏**。」

「那就不是因劫財而死。」另一名捕快喃喃說道。

這時**仵作**也檢驗完畢，說：「大人，死於茅屋外的那人後腦頸骨**折斷**，頭部和面部都有利器造成的**刃傷**。至於在茅屋內的死者，其**頸部左邊**和**後腦右側**也有刃傷。」

聞言，檢官摸摸下巴問：「你們認為如何？」

「大人，我覺得茅屋外的死者應是被屋內死者所殺，然後兇手**自刎而亡**。」一名捕快分析道。

「對對對。」

「沒錯，應該就是這樣。」

其他人都**異口同聲**地應和。只是檢官卻不發一言，走到屋內觀察屍首良久。

「要自殺，**刎頸**便可以了。」他皺着眉頭説，「但那右後腦的傷口呢？難道死者**捨易取難**，故意將手拗向後面，用刀刺向自己的後腦去自殺嗎？」

眾人登時語塞。

「所有傷痕須有**合理解釋**，才能作出準確的判斷。」檢官嚴肅地道，「這件案子不是那麼簡單，還須再查！」

果然，數日後捕快抓到一人，那才是真正的**兇手**。原來他與兩名死者結怨才殺死對方，至此**真相大白**。

宋慈記下這宗案件，強調檢驗要仔細，也須**合符情理**，避免錯判情況，令活人與死者蒙受不白之冤。另外，在一宗他親身遇到的案件中，亦體現其**處事謹慎**的精神……

一天，衙差來報：「大人，我們抓到了一名**強盜**！」

聞言，宋慈走到公堂，只見一個**滿臉橫肉**的男人站在堂上，雙手被木枷鎖住。於是他吩咐各人就位，升堂審訊。

他向犯人厲聲道：「堂下犯人究竟所犯何事，老實説出來！」

「之……之前有個**少年**經過河邊，我見他拿着一個包袱，猜想裏面可能有些錢財。」跪在地上的強盜吞吞吐吐地説，「於是我就搶了包袱，將他**推入河中**後就逃了。」

「這是何時發生的事？」

「不……不大記得清楚了，總之是多日前吧……」

「真是膽大包天。」宋慈下令，「先將犯人押入大牢，聽候處置！另外派人到河邊**打撈**，看看有沒有線索！」

數天後，縣尉等人果真撈到一具屍體。只是其肌膚幾乎腐爛淨盡，難以判定身份。

仵作在檢驗後稟告詳情：「這名死者生前應是個**矮小**的**少年**，胸骨凸出，該是『**龜胸**』。」所謂「龜胸」，即一種因患了佝僂病而造成胸骨前凸的畸形狀況。

宋慈雖知骸骨生前年歲，但仍不敢妄下判斷那是被強盜劫殺的目標。他連夜翻閱案卷，發現失蹤少年的兄長曾報案，指其弟身材**矮小**及有**龜胸**，遂遣人複檢骸骨。當他得悉特徵相符後，才敢斷定那就是該名落河而亡的少年。

先進的鑑證——紅傘驗骨

《洗冤集錄》記載了大量鑑證方法，許多都有**科學根據**，其中一項就是以紅油紙傘檢驗骨傷。

一天，宋慈與年輕捕快來到一個房間。只見仵作站在床邊，床上躺着一副骸骨。

「大人，死者**腐爛**得很嚴重，差不多只剩下骨頭。」仵作稟告道。

「那查到甚麼可疑之處？」

「這兒。」仵作指着屍骨的右臂道，「上面有**骨折痕跡**，若想知道是**生前**或**死後**造成，則須再作檢驗。」

「這也能查出來嗎？」年輕捕快好奇地問。

「有一方法。先選一個陽光燦爛的日子，把屍骨洗淨、排好，用麻線固定，放在一張蓆子上。」宋慈指示，「然後挖一個長五尺、闊三尺、深二尺的坑，用柴火焚燒至土地顯現紅色。接着去除火焰，潑灑酒醋至坑內，再將屍骨放至坑中，用草蓆蓋住，薰蒸一兩個時辰。之後抬出屍骨，放在有陽光照射的地方，以**紅油紙傘**遮光細看。」

「一般來說，骨頭有傷之處會顯露淡紅色，斷骨兩端則有較明顯的血紅色。」他一邊拿起一根骨頭，一邊說明：「以**紅傘遮光**

後，就會發現如果死者生前被打，骨上傷處會呈現鮮紅色的**血痕**；若無血痕，縱使骨頭斷裂，也只是死後造成的。」

從現代醫學所知，若人在生前骨折，血液會流至骨折區，並累積各種**血球細胞**，形成血痕。然而人一旦死後，心臟便停止運作，血液不再流動，並在數分鐘內產生**凝血作用**。這樣血球細胞通常不會積聚於骨折處，無法產生紅色的血痕。

那些血痕一般在可見光下難以辨認，但在不可見的「光」如**紅外線**、**紫外線**等照射時則較易顯現出來。此外，因每種物質對光的反射、吸收和穿透力都不同，只要**阻隔**多餘的光線就能更清楚地查驗。

白色的陽光由紅、橙、黃、綠、靛、藍、紫等多種顏色的光混合而成。藉着紅傘**過濾**大部分色光，只透射出較暗的**紅光**以及不可見光如**紅外線**等，就能較容易看出血球細胞的狀況，猶如現代法醫會以紫外光檢驗屍體一樣。故此，以紅傘辨別骨傷是有其科學根據的。

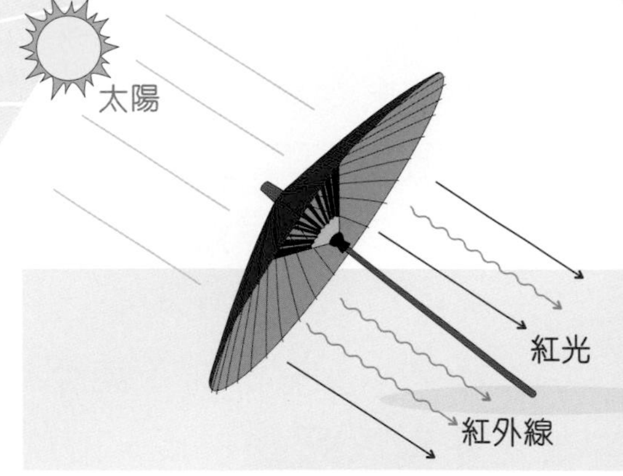

當然，《洗冤集錄》並非全無瑕疵。受時代所限，有些方法如滴血驗親根本沒有科學根據。然而**瑕不掩瑜**，書內處處彰顯其謹慎驗證、查出真相、洗刷冤情的精神。

宋慈在書序**開宗明義**：在所有案件審理中，最重要的莫過於死刑判決；而判斷是否採用死刑，最要緊的就是查清真相；若要查出一切真相，最關鍵的便是證據檢驗。蓋因受審之人的**生死去留**、**是非曲直**，全取決於檢驗二字，故此所有官吏執法時須**慎重之至**。

《洗冤集錄》於18世紀傳至歐洲，最早由法國人在1779年翻譯介紹，之後有英、德、荷、日、俄等其他語言的版本。歷來學者對其評價甚高，認為此書對世界法醫學的發展起着**承先啟後**的重要作用。

構建天宮太空站

建設太空站有如在太空砌積木，要按步就班，有序進行。

梁淦章工程師
香港天文學會

太空歷奇

三大階段

1. 關鍵技術驗証：為太空站補加推進劑、循環再生水、再生氧維生系統、艙外操作等合共七大關鍵技術。
2. 組裝建造：起初，由「天和」核心艙以「I」字架構運作，依次接駁「問天」實驗艙Ⅰ和「夢天」實驗艙Ⅱ組成T字架構。
3. 運營：2022年完成組建後，正式展開長達10年以上的在軌科學實驗，利用太空站的高真空、微重力等獨特條件，開展太空科學、生命科學的研究。

初始階段：「I」字結構
「天宮」=「天和」

2022年組建進階版：「T」字結構
「天宮」=「天和」+「問天」+「夢天」

「神舟」飛船
負責運載太空人往返「天宮」。

「夢天」
「問天」
「天和」

「天舟」飛船
負責運載補給物資到「天宮」，並充當倉庫。

「天宮」第一步：「天和」+「天舟」組合體

外觀結構

＊「天和」入軌後，「天舟」物資要先到站，才可駐人。

「天和」

節點艙 | 生活控制艙 | 推進艙

小柱段
直徑 2.8 m
太空人生活起居之處

大柱段
太空人工作和實驗之處

地向對接口
在節點艙底部，停泊換班時第二艘「神舟」載人飛船

前對接口
停泊「神舟」載人飛船

出艙口
太空人出艙通道

機械臂在小柱段下方

16.6 m

直徑
4.2 m

主引擎（共4個）
有需要時發動以維持適當的軌道高度。另有26個用來控制太空站姿態與軌道的小引擎。其中4個是用電力發動的高效率離子引擎，是首次應用在載人航天器上。

Ⓐ 柔性太陽翼
第三代纖薄太陽板，展開面積100m^2，提供20kw電力給載人艙。

Ⓑ 高增益天線
追跡指向「天鏈」中繼衛星，令太空站與地面站保持無間斷通訊。

Ⓒ 控制力矩陀螺（共6組）
利用電力推動的陀螺來控制太空站的姿態。

Ⓓ 後對接口
停泊「天舟」貨運飛船

Ⓔ 停泊口
日後接駁實驗艙

「天舟」

10.6 m

直徑
3.35 m

14.9 m

太陽能板
用太陽光發電

「天和」核心艙

控制整個太空站的飛行姿態、動力及載人環境。內部環境及部分功能如下：

內部功能

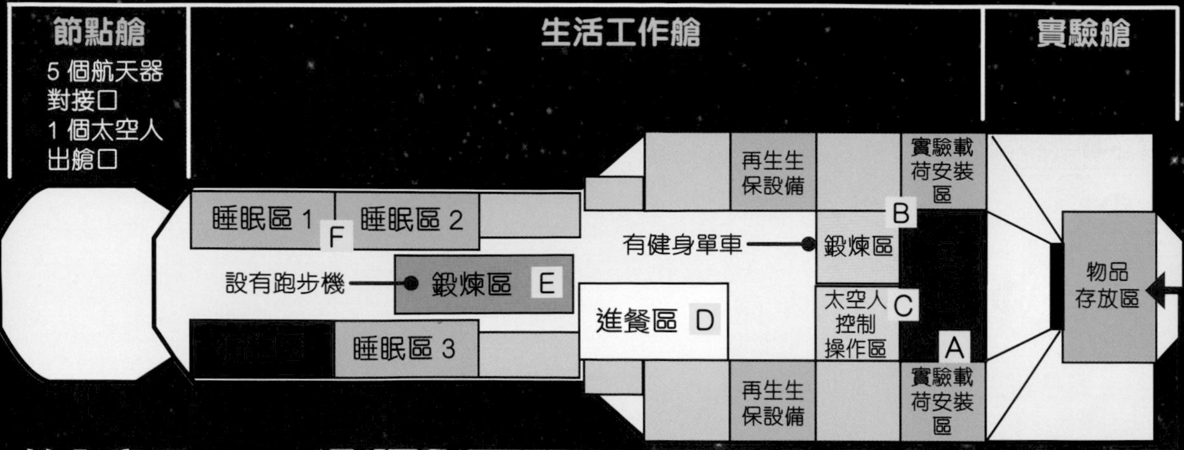

艙內實況

（由資源艙向內望）

視點

內部空間 100 m^3

太空人可用空間 50 m^3

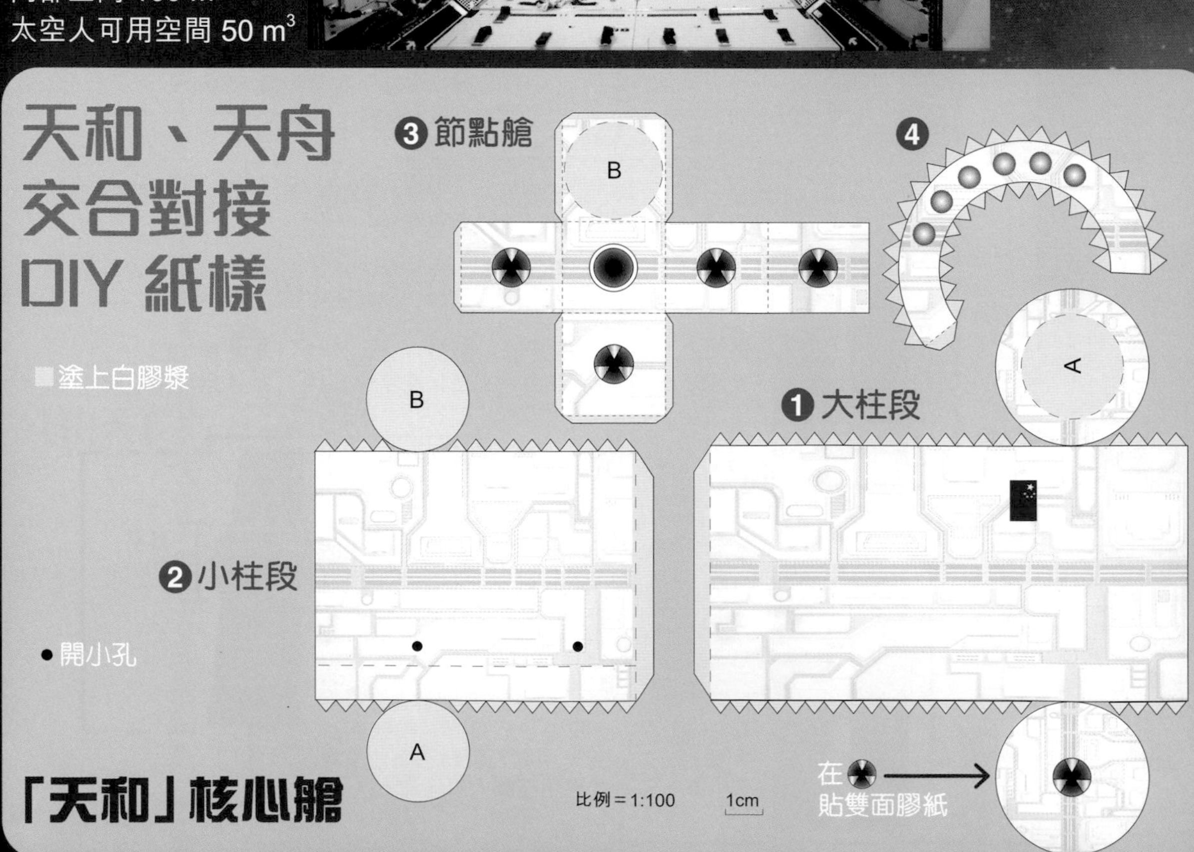

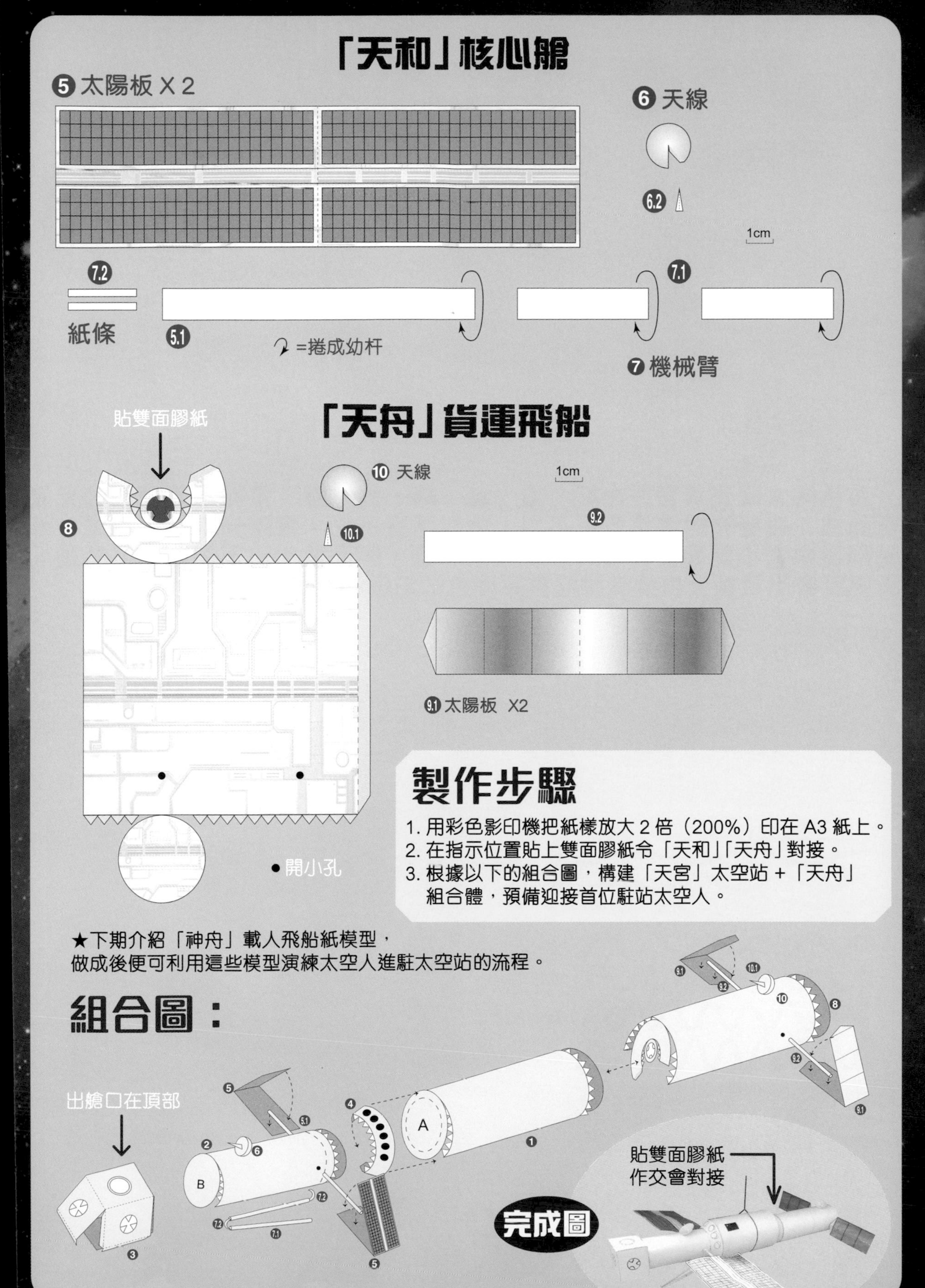
「天和」核心艙
❺ 太陽板 X 2
❻ 天線
6.2
1cm
7.2
7.1
紙條
5.1
=捲成幼杆
❼ 機械臂
「天舟」貨運飛船
貼雙面膠紙
❽
❿ 天線
1cm
9.2
10.1
9.1 太陽板 X2
● 開小孔
製作步驟
1. 用彩色影印機把紙樣放大 2 倍（200%）印在 A3 紙上。
2. 在指示位置貼上雙面膠紙令「天和」「天舟」對接。
3. 根據以下的組合圖，構建「天宮」太空站 +「天舟」組合體，預備迎接首位駐站太空人。
★下期介紹「神舟」載人飛船紙模型，
做成後便可利用這些模型演練太空人進駐太空站的流程。
組合圖：
出艙口在頂部
A
B
貼雙面膠紙
作交會對接
完成圖

澳洲新南威爾斯州
藍山山脈

怎樣出現藍天白雲？

雷利散射與米氏散射

藍色天空
真漂亮！
天氣晴朗時，
最容易看到漸
變藍色天空。

白色的太陽光其實是由紅、橙、黃、綠、藍、靛、紫等不同顏色的光混合而成。這些光的波長各有不同，散射程度不一。當陽光穿過大氣層，就受到當中大小與濃度各異的空氣分子影響，因而散射出不同顏色。於是，天空就會出現藍天白雲或橙紅雲霞等色彩幻變的景象。

雷利散射 Rayleigh scattering

1900 年英國物理學家雷利男爵（John Strutt, 3rd Baron Rayleigh）提出，當光遇上比其波長小的空氣分子時，若其波長愈短，散射程度就愈大。由於在可見光中，藍、紫等色光的波長比紅、橙色光的短，較易散射，所以大家就看到藍色的天空。

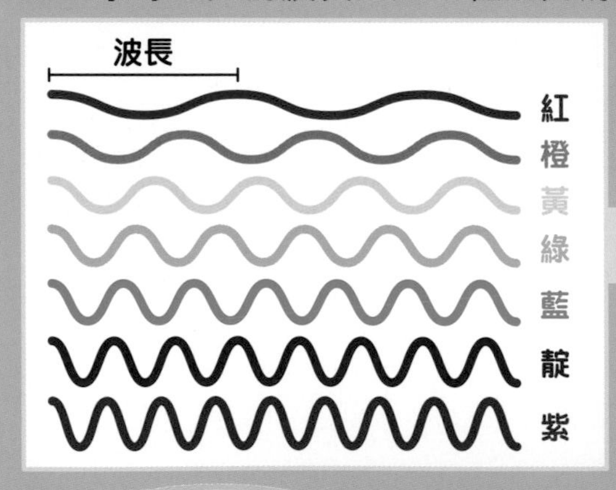

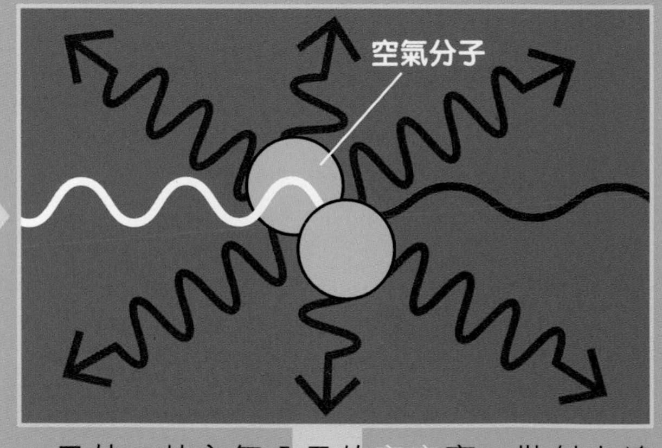

另外，若空氣分子的密度高，散射光線的力量也較強。相反，在空氣稀薄的位置，因其分子密度較低，散射力則較弱。

其實紫光波長比藍光的短，散射力更強。只是人眼對藍光的敏感度較高，故此才看到藍天，而不是紫色的天空。

不同位置看到的天空顏色

黃昏的天色

太陽光穿透較厚的大氣層，其間藍光已被散射透盡，餘下波長較闊的紅、橙光到達地面，所以我看到橙紅色的斜陽！

香港鯉魚門日落景色

藍天

漸變色的藍天

當太陽光穿透較薄的大氣層，散射部分藍光，另有部分藍光到達地面。於是由天空至水平面，呈現由深到淺的漸變藍色。

為何晚上不是藍色的天？

由於月球只是反射陽光才能「發亮」，其亮度僅有原來太陽光的幾十萬分之一。所以晚上月球反射的光線穿過地球大氣層時，散射的藍光也不多，故此在滿月日子也不能形成藍色的天空。

為何常見雲都是白色？

1908 年德國物理學家古斯塔夫・米（Gustav Mie）提出，太陽光射向如水滴、灰塵等，其分子的大小與光的波長一樣或更大，光就會均等散射，並融合成白色。此稱為「米氏散射」（Mie scattering）。

空氣中的小水滴或冰晶會積聚成雲，因其分子比光的波長更大，於是均勻散射各種色光，構成白色的雲。

今期特稿1 諾貝爾獎

醫學獎——皮膚對溫度及觸碰的感覺從何而來？

大衛·朱利葉斯研究辣椒素使皮膚上哪些細胞作出反應，成功找出專門感熱的感受器。其後，他和阿登·帕塔普蒂安各自利用薄荷醇進行研究，發現了另一種感冷的感受器。

▶辣椒素來自紅辣椒。

◀薄荷醇來自薄荷。

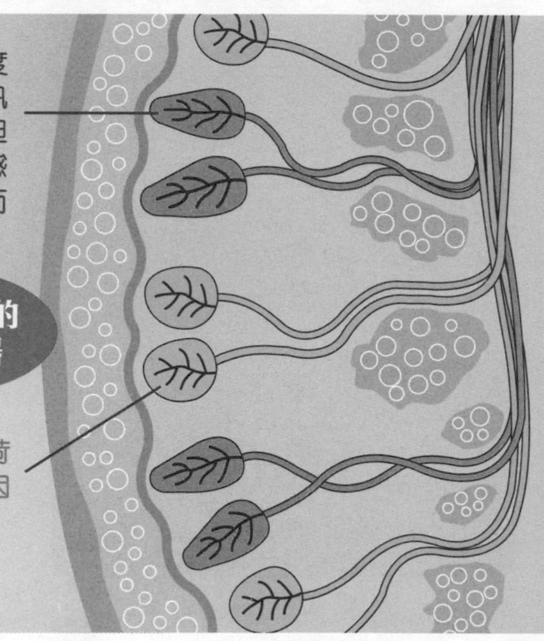

熱感受器一般在溫度改變時才會發出訊號，令人覺得熱。但碰到辣椒素時，熱感受器也會產生反應而發出神經訊號。
皮膚及其上的神經感受器
感冷的感受器跟薄荷醇亦會發生反應，因而發出神經訊號。

化學獎——解決分子的鏡像問題

本亞明·利斯特
大衛·麥米倫

化工廠、藥廠等在生產化學品或藥物時，需要合成化學分子，但有時會遇到一個問題——合成出來的分子分成兩種，它們的各種原子數目相同、結構卻互為鏡像，而且通常只有其中一種是有用的。

今年的得獎者為解決此問題而發明了「不對稱有機催化劑」，因而獲獎。

例如檸檬皮及橙皮都含有檸烯（即檸檬油精），但檸檬皮含有S-檸烯，橙皮的則是R-檸烯。

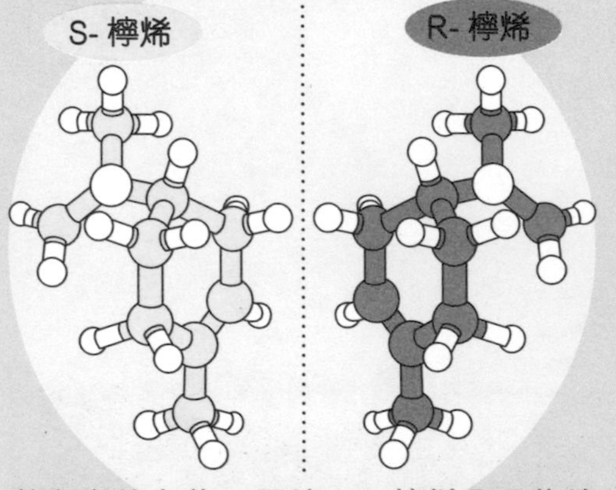

若在虛線上放一面鏡，S-檸烯分子的鏡像就是R-檸烯，相反亦然。

那分別從檸檬和橙提煉檸烯不就好了嗎？
有些具這種鏡像特性的化學分子只能人工合成，不能從大自然提煉，這樣就須用到不對稱有機催化劑。

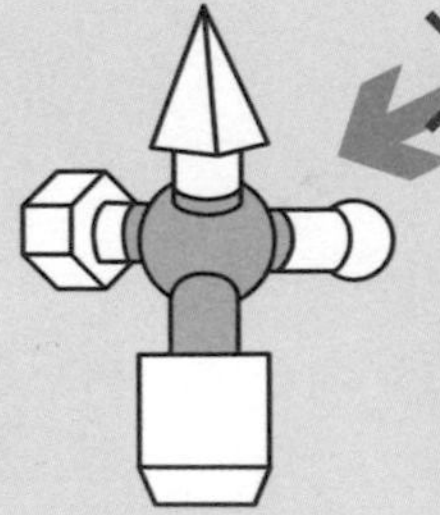

成品（鏡像B）
原料
成品（鏡像A）

不對稱有機催化劑可用於從原料轉化為成品的化學過程中，確保只製造出其中一種鏡像的成品。

2021

今年的諾貝爾獎一如以往，各個獎項皆已於 10 月上旬揭曉，現在就看看當中物理、化學及醫學的得獎研究吧！

大衛．朱利葉斯　阿登．帕塔普蒂安

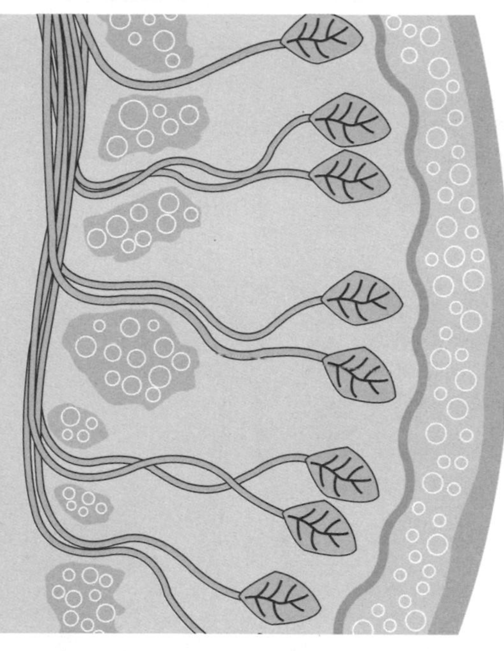

此外，阿登．帕塔普蒂安也發現了感應觸覺的感受器。他以微吸管戳某些細胞時，就會使它產生電流並因而進一步辨認出專門感應觸覺的感受器。

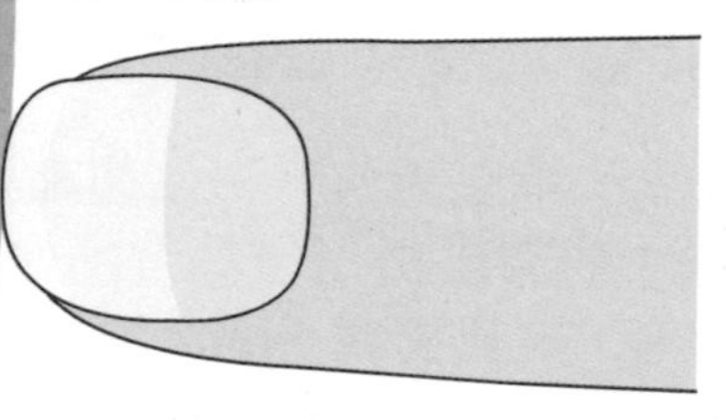

▲當皮膚受到觸碰，便會對觸覺感受器產生壓力，導致感受器發出神經訊號。

為甚麼要了解皮膚感應的機制？

除了辨認出皮膚上哪些細胞負責何種感應，兩名得獎者亦發現了充當那些感受器開關的基因。於是，其他科學家便可按照那些感受器的運作原理，更有效率地設計止痛藥物。

物理學獎——對雜亂世界的系統研究

真鍋淑郎　克勞斯．哈斯曼　佐治奧．帕里西

真鍋淑郎提出當大氣中的二氧化碳濃度增加，地表溫度亦隨之提升。他是第一個考慮到地球保留太陽輻射的程度、冷熱空氣對流等複雜因素，然後建構出一個氣候模型的科學家。

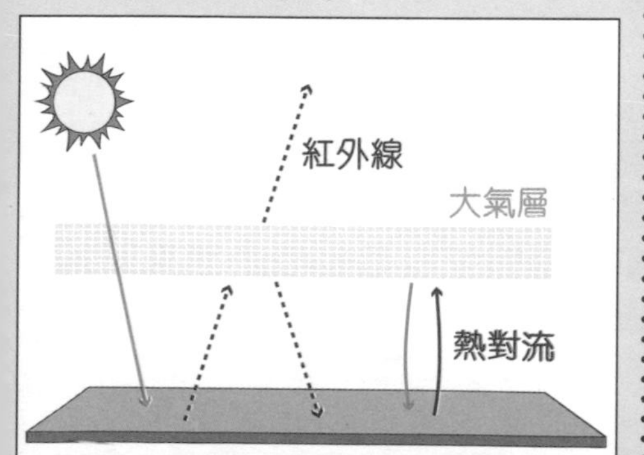

▲來自太陽的熱輻射及大氣中的熱對流，均會影響熱力分佈，因而影響氣候。

克勞斯．哈斯曼成功找出天氣及氣候間的關聯，並解釋為何天氣模型多變混亂，氣候模型卻有序可靠。另外，他亦找到方法計算大氣溫度分別只受大自然影響及同時受到人為及大自然因素影響時，會有何變化。

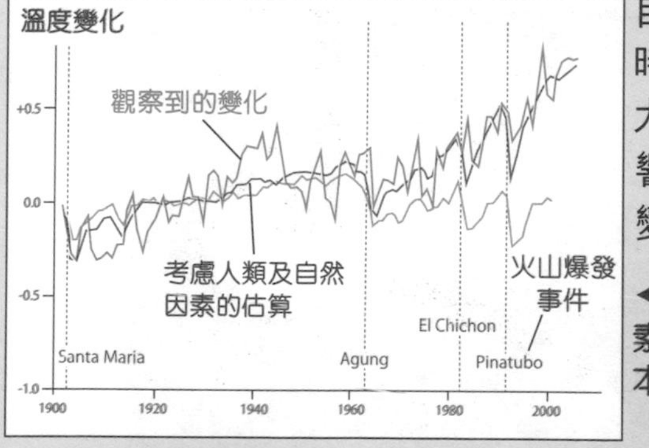

◀若扣除人為因素，地球的溫度本應沒甚麼改變（綠線）。

佐治奧．帕里西則發現一些結構看似完全隨機的物料，實際上亦會跟從某些規律。其發現對數學、生物學、神經科學及人工智慧範疇中的複雜系統具非常深遠的影響。

今期特稿2
第31次｜第一屆

搞笑諾貝爾獎

和去年一樣，本屆頒獎典禮因疫情關係改在網上舉行，但歡樂本色絲毫未減，先令你發笑，再引領你思考。

運輸獎 四腳朝天的空中之旅

人是怎樣運送黑犀牛的？答案是用直升機吊起來移動。野生動物學家為了使牠們更舒適，研究出倒吊運輸法。他們測量 12 頭黑犀牛被倒吊時的肢體狀態，發現這樣可大大減輕其身體負擔。

如果黑犀牛側躺太久，
會被自身的體重壓傷。
黑犀牛
最重可達
1.8 噸

黑犀牛也搬家

黑犀牛是瀕危物種，非洲諸國致力保育，不時用直升機轉移其棲息地，防止近親繁殖，以保持基因多樣化。

化學獎 觀眾的反應就在空氣中！

「空氣中瀰漫着緊張感」不只是修辭，而是真實的現象！

化學家把儀器連接電影院的通風系統，發現電影播到緊張、感動或恐怖的情節時，空氣中的化學分子含量大增。

人體呼出的空氣含二氧化碳等揮發性有機化合物。當觀眾心跳加速、肌肉緊繃，呼吸也變得頻密，於是呼出更多二氧化碳。

鬍子可提升防禦力？

生物學家推論，人類在演化過程中，成年男性臉上長出鬍子是為了保護臉部和下巴，以防打架時遭重擊。

實驗以特製樹脂模擬下巴骨，分 3 組比較，分別是鋪上濃密的羊毛、修剪過的羊毛及不鋪上羊毛，再用金屬撞擊樹脂，發現濃密的羊毛可吸收 30% 衝擊力，較另外 2 組為多。

別誤會，聖誕老人的防禦力並不會因此提升 30%……

不過，實驗只證明羊毛的緩衝效能，並不代表人的鬍鬚有同樣效果。

聲頻透露貓心情

語音學家從 40 隻家貓錄取 780 段「貓語」，並將之分成 19 種，發現貓在開心時聲頻上升，在情緒低落或緊張時，聲頻則會下降。

貓用氣味和動作溝通，在求偶期以外甚少叫喊。因此，科學家認為家貓不時喵喵叫是為了和人類（飼主）溝通。

邊走邊用電話，易撞到人又低效率

「低頭族」要留神了！科學家以電腦程式分析 54 名學生的路徑，當無人用電話時，紅、黃兩組人（如右圖示）走到中間相遇後，約 4 秒就自動形成 5 條人流。大家幾乎不用閃避，也沒有撞到別人，順利走畢全程。

可是，讓不同位置的人邊走邊用電話，情況就不同了。

▲兩組人從長 38 米、寬 3 米的通道兩端出發，相對而行。

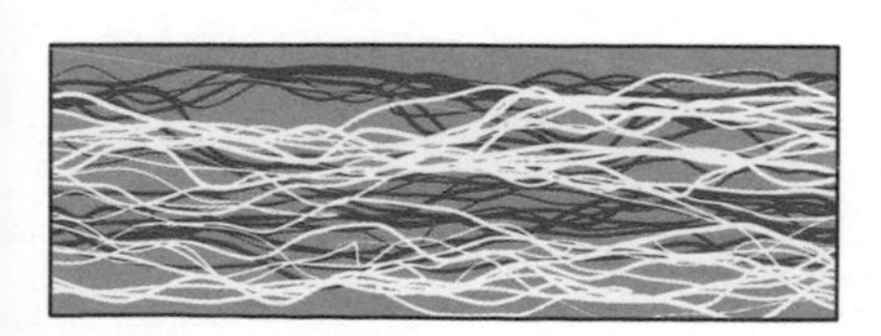

情況 A：帶頭的人用手機

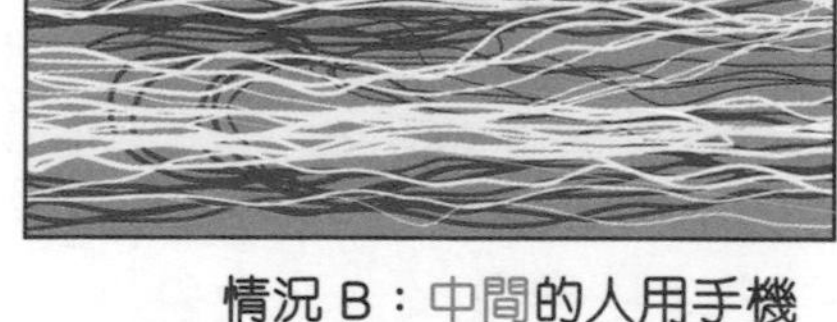

情況 B：中間的人用手機

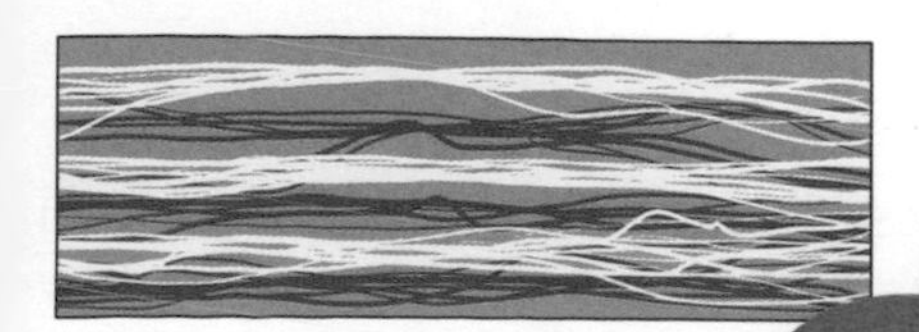

情況 C：後方的人用手機

人流相對井然有序

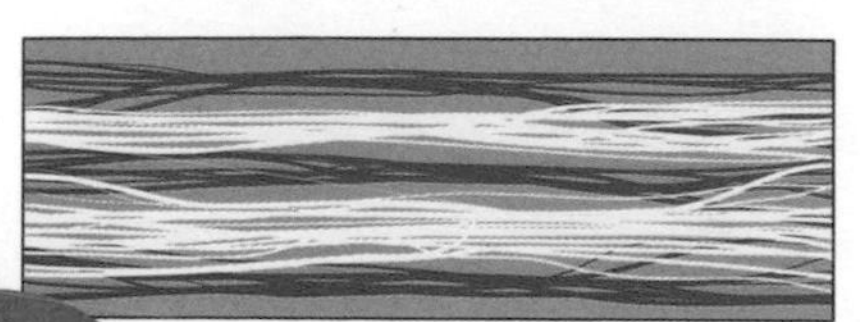

情況 D：最尾的人用手機

實驗中，帶頭和中間的人（情況 A 及 B）邊走邊用手機，人流得花 6 秒才勉強形成，而且路徑紊亂，走在後面的人常常要急停或轉彎，最終要花更多時間才能走畢全程。

為人為己，走路時還是專心看路吧！

數學偵緝室

大偵探福爾摩斯

價值連城的十美元

「檢查結果很好，以後不用覆診了。」

滿臉皺紋的老紳士佩羅是華生今天最後一名病人。看診後，華生扶起**顫顫巍巍**的老紳士，道：「對了，佩羅先生，剛才看病歷卡時注意到，過幾天是你的**生日**，現在先祝你**生日快樂**！」

「呵呵，華生醫生，有心了！」佩羅笑道，「過幾天就要踏入古稀之年啦。看來，病痛也會愈來愈多啊。」

華生打開門，把老紳士送到門外後說：「不會啦，才**70歲**罷了，你定會老當益壯的。」

「哎呀！華生，你怎能說『70歲』呢？」一個熟悉的聲音在身後響起。

華生回頭一看，原來是福爾摩斯。

「老先生，聽你的口音，應該是**法國**出身吧？祝你**60+10歲**生日快樂啊。」福爾摩斯向佩羅說。

「60+10歲？」佩羅**莞然一笑**，「呵呵，華生醫生，你的朋友懂法文呢。」

「懂法文？甚麼意思？」華生一臉茫然。

「呵呵，是這樣的。」佩羅**娓娓道來**，「在英語中，7是seven，17是seventeen，70就是seventy。但我家鄉的語言法語並不一樣，法語的**7**唸作**sept**，**17**是**dix-sept**，**70**則唸作**soixante-dix**，完全不見sept的蹤影！原因是soixante代表60，**dix**代表**10**，合起來就是一條算式60+10，即是等於70。有趣吧？」

WATSON
CLINIC
數字 法文
07 → sept
10 → dix
17 → dix-sept (10 + 7)
60 → soixante
70 → soixante-dix
(60 + 10)

「啊……原來如此！」華生**恍然大悟**。他這才知道，剛才福爾摩斯聽到佩羅的法語口音，是故意賣弄一下，用法語的方式講出60+10，代替直接講70。

福爾摩斯補充道：「據說，百多年前的法國國王**路易十四**討厭別人叫他70歲，所以人民就把70講成**60 + 10**，把**80**講成**4x20**。後來，這就漸漸地變成法語的特殊講法了。」

「呵呵，少年人盼望長大，成年人卻介意年歲日增，路易十四也一樣呢。」佩羅說，「哎喲，我又嘮叨起來了。醫生，失陪了，家人說要跟我慶祝生日呢！」

與佩羅道別後，福爾摩斯和華生叫了輛馬車，往約好的律師行開去。幾天前，福爾摩斯收到艾琳・愛德勒的一封信，拜託他為一位女士當**繼承遺產**的見證人。

本來，生性懶惰的福爾摩斯都會拒絕沒有報酬的工作，但在「波希米亞蒙面國王事件」*1 中，他與這位**武功高強**的女歌手**不打不相識**，當時艾琳還幫助他識穿了「國王」的真面目。在欠了對方一個人情下，這次就只好勉為其難地答應了。

不過，這時他萬萬也想不到，除了當見證人之外還要**解謎**。此外，他更沒料到，剛才與老紳士的一番寒暄，竟為破解謎題提供了**重要啟示**！

「啊？這不是**麥克法蘭先生**嗎？真巧，原來你是這裏的律師！」福爾摩斯和華生踏進律師行，就看到一位眼熟的年輕人——他就是在「骨頭會説話」一案中 *2，被真兇委託立遺囑，卻遭警探誤當**嫌疑犯**的約翰·麥克法蘭。

「太巧合了！福爾摩斯先生、華生先生，這次我也負責處理一份**遺囑**呢。」打過招呼後，麥克法蘭切入重點，「相信大家都收到艾琳·愛德勒小姐的信。按照程序，請容我首先介紹一下這位**瑪莉·米勒**小姐。」

年輕律師向兩人介紹了站在他身旁、一位稚氣未脫的女子，她就是其亡父麥克·米勒的惟一**遺產繼承人**。本來，根據米勒生前的指示，其好友艾琳·愛德勒必須見證遺囑的執行。但艾琳現時身處外地無法赴約，就**委託**了福爾摩斯代勞。

「不過，令人感到莫名其妙的是，艾琳小姐通知我們宣讀遺囑時，必須用**法國人的心思**去理解箇中含意。」麥克法蘭説。

「法國人的心思？」福爾摩斯問，「為甚麼要用法國人的心思呢？」

「我父母都是**法國人**，可能家父想保留法國的傳統吧。」瑪莉猜測。

「這就是遺囑，請你們看看。」麥克法蘭把一份異常簡短的遺囑遞上。

只見遺囑上寫着：

愛女瑪莉：

上天把你賜給我的那天為我帶來無限幸福，但上天奪去你媽媽的那天卻令我的幸福戛然而止。我的幸福究竟有多長呢？

愚父家無恆產，只能留下一張紙幣給你。請到別墅去把它找出來吧，那是你最值得擁有的。

不過，那張紙幣被混在一疊紙幣中，我忘了把它取出來，你須要自己找找看。餘下的紙幣，請全數捐給孤兒院吧。

「別墅？在哪裏？不會在法國吧？」華生問。

「不，別墅在英國南部的**樸茨茅夫**，那裏有國際客船連接法國。家母在英國出生，為了讓家母一解鄉愁，家父在那裏購入別墅，讓我們母女可以在暑假去避暑。遺憾的是，家父在夏天工作很忙，絕少與我和媽媽一起去那兒**度假**。」瑪莉説着，皺起眉頭想了想，「可是，他為何把遺物放在那裏呢？」

「看來，我們有必要親身去一次看看呢。」福爾摩斯道。

「坐火車的話只需 2 小時。明早一起去好嗎？」麥克法蘭問。

翌晨，眾人登上火車後，就討論起來。

*1 詳情請閱《大偵探福爾摩斯⑰史上最強的女敵手》 *2 詳情請閱《大偵探福爾摩斯㊽骨頭會説話》

「遺囑上為甚麼說『我的幸福究竟有多長呢』？」華生問。

「我年幼時，家父最喜歡與我一起玩**數學遊戲**，可能在立遺囑時想起當年的情景吧。」瑪莉別有感觸地說。

「反正沒事幹，不如我們與瑪莉小姐一起玩玩這個遊戲吧。」麥克法蘭提議。

「好呀！」福爾摩斯一聽到可以玩數學遊戲，就**精神為之一振**，「我認為米勒先生想我們計算日數，他提到兩個關鍵日子。『上天把你賜給我的那天』是指瑪莉小姐的生日，『上天奪去你媽媽的那天』則是米勒太太的死忌。」

「我在**2月29日**出生，家母在我**19歲**那年的7月20日死亡。」

華生掏出記事本，打開印着月曆的那一頁，和麥克法蘭一同數起日子來。

「2月29日出生？是**閏日**呢！這得花點心思，但並不難計算。」福爾摩斯在紙上稍作計算後就說道，「是**7080天**。」

「哎呀！你也計得太快了吧？」華生投訴，「這麼快就有答案，太沒趣了。」

「嘿嘿嘿，你該投訴自己笨，計得太慢啊。」福爾摩斯**揶揄**。

「7080天嗎……？」瑪莉卻有點困惑地呢喃，「爸爸為何要我計算這段日子呢？」

「問得好！令尊出這道題一定別有用意。」福爾摩斯提醒，「不過艾琳在信中提過**『用法國人的心思去理解』**，你可以循這個方向去想。」

「7080在法文唸作 sept mille quatre-vingts，當中 **sept** 是 **7**，**mille** 是 **1000**，**quatre** 是 **4**，**vingts** 是 **20**。」瑪莉說。

「合起來就是 **7x1000+4x20**……到底有何含意呢？」大偵探反復唸着這條數式，陷了沉思之中。可惜的是，他一直思考到火車到站，依然想不出個所以然來。

難題①：你知道我如何求出7080天嗎？答案在p.60！

藍天白雲下，眾人乘馬車來到海邊的別墅區。曾任軍醫的華生注意到，這裏不只是國際碼頭，更是一個**軍港**，想必有不少海軍家庭聚居，因此**治安良好**，社區配套也齊全，難怪米勒放心讓妻女來度假了。

「嘩！有很多小孩子的圖畫和玩具呢！」麥克法蘭踏進別墅中，不禁叫起來。華生看到，有一些**色彩繽紛**的圖畫掛在牆上，地上又有多個玩具箱。

「啊……這些都是我的……」瑪莉**深有感觸**地說，「好懷念啊……這些**圖畫**和**玩具**……好像讓我回到了……幼稚園和小學的那段日子。」

「唔……？」福爾摩斯走近一幅**畫**凝神細看。

畫中繪畫着一個**女人**，她拖着一個**小女孩**的手，正在海邊看着落日餘暉。畫風雖然幼氣又天真，卻洋溢着濃得化不開的**溫馨**。

「這是令慈嗎？」福爾摩斯指着畫中的女人問。

「是的。」瑪莉冷冷地應道。

福爾摩斯又看了看其他圖畫，問道：「從畫風看來，都是幼稚園或小學時期畫的呢。你唸中學後就不再繪畫了？」

「不，家母在我升上中學後，管教愈來愈**嚴厲**，令我非常**討厭**她。」瑪莉欲言又止，「自13歲起……我和她已沒有再來這兒度假了。」

「原來如此，那麼——」

「哎呀，閒話少說，別忘記我們是來找紙幣的啊。」麥克法蘭慌忙把話題岔開。

「對啊！我們馬上分頭找找吧。」華生也和應。

四人於是分頭在房子四處尋找，約半個小時後，福爾摩斯率先叫道：「有趣、有趣！這裏有個玩具化妝箱，上面寫着一個4位數呢。」

「甚麼4位數？」麥克法蘭問。

「7080。」

「啊？那不是遺囑上數學題的答案嗎？」華生感到意外。

「讓我看看。」瑪莉彷彿感應到甚麼似的，慌忙接過化妝箱，輕輕地抹去上面的塵埃後，小心翼翼地打開了蓋子。

福爾摩斯三人湊過去看，只見箱中除了一些亮晶晶的玩具首飾外，還有一個與那些首飾顯得格格不入的公文袋。

瑪莉把袋中的東西取出，原來是被綑成一疊的紙幣和一疊生日卡。

「哇！全是美鈔呢。」福爾摩斯見錢開眼，馬上數了數，「共100張，全都面值10元。」

「足足有1000美元，不是一個小數目啊！瑪莉小姐，這筆遺產也不算少呢。」華生說。

麥克法蘭連忙提醒：「根據遺囑指示，只有1張歸瑪莉小姐所有，其餘99張須捐給孤兒院。」

「可是，遺囑說給瑪莉小姐的那一張混在其他紙幣當中，哪一張是給她的呢？」華生問。

「數學題的答案7080一定就是提示，否則箱上不會寫着這個4位數。」福爾摩斯想了想，再翻了翻紙幣說，「每張紙幣都有編號，順序由A6010400至A6010499，看來7080與這些編號有關呢。」

「有道理！」華生說着，轉過頭去向瑪莉問，「你認為呢？你有甚麼——」

可是，華生說到這裏就止住了。他發現，瑪莉只是出神地盯着那一疊生日卡，她的心思看來完全不在那疊美鈔上。

「怎麼了？」福爾摩斯也注意到了。

瑪莉沒有回答，她珍而重之地拿起了那疊生日卡，以顫動的手一張一張地緩緩翻閱。翻着翻着……翻着翻着……她的雙眼漸漸發紅，不一刻已眶滿了淚水。

「媽……媽媽她……她一直保留着這些生日卡……」瑪莉嗚咽着說，「第一張是我4歲時寫的，那一年……我剛學懂寫字……最後一張……是12歲時寫的。我……我之後，就再沒有……為媽媽慶祝生日了。」

福爾摩斯三人聽着，不禁黯然。

「爸爸……他要我來這裏，其實……其實是想我記起兒時的這段時光……這段與媽媽一起快樂地度過的時光……」

瑪莉的嗚咽之聲，令四周被一股沉重的氣氛籠罩，華生看了看福爾摩斯，又看了看麥克法蘭，不知如何是好。

「我明白了！」突然，福爾摩斯打破沉默，「令尊的那道數學題，其實是想你把這兒的記憶延伸下去，填補你13歲後與母親決裂了的關係。所以，才會叫你計算出『7080天』這7000多個日子。」

「是的……」瑪莉點點頭，「當我看到這疊生日卡時，我已明白爸爸的用心了。」

「那麼，所有問題已迎刃而解了。」福爾摩斯說着，翻了翻那疊美鈔，從中抽出一張說，「這張編號 A6010420 的紙幣，就是令尊留給你的遺產！」

「啊？你怎知道的？」麥克法蘭詫異地問。

「因為，它的編號是 A6010420 呀。」福爾摩斯**理所當然**地說，「記得嗎？艾琳在信中說過，要用**法國人的心思**去理解遺囑的含意。」

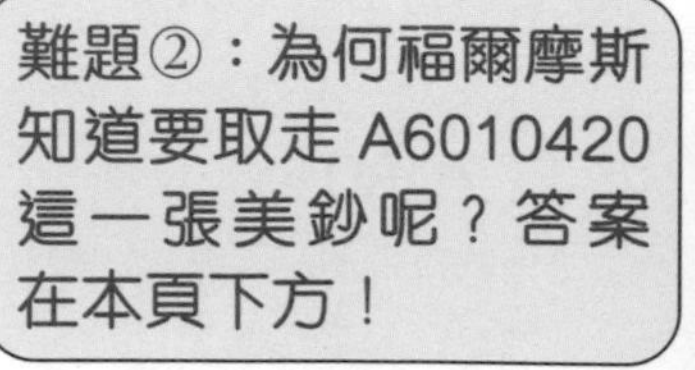

難題②：為何福爾摩斯知道要取走 A6010420 這一張美鈔呢？答案在本頁下方！

「呀！」經老搭檔這麼一說，華生想起了昨天與老紳士佩羅先生的對話，馬上也**明白**了。

「對，是 A6010420 這一張，我也明白了。」瑪莉點點頭說。可憐的是那位年輕律師麥克法蘭，他抓破頭皮，也看不出個所以然。

「不僅如此。」福爾摩斯**煞有介事**地說，「看到這張美鈔，我才猛然想起，這其實是一張收藏家夢寐以求的**錯體鈔票**。由於它蓋印的位置不對，在世上可說獨一無二，拿去拍賣的話，說不定可拍賣出比 10 元面值高上**千倍**的價錢！」

「米勒先生也真懂得開玩笑，說甚麼『家無恆產』，竟然珍藏着這麼**昂貴**的錯體鈔票。」麥克法蘭笑道，「我們全部都受騙了呢。」

「不，米勒先生並沒有說謊啊。這張錯體鈔票面值 10 元，如果不懂得分辨的話，它就只值 10 元。10 元哪算是甚麼**財富**，只不過比街上的乞丐好一點罷了！瑪莉小姐，你認為我說得對嗎？」福爾摩斯**扮了個鬼臉**，滑稽地問。

「這——」瑪莉看着福爾摩斯那個有趣的樣子，不禁「哈哈哈」地笑了出來。華生和麥克法蘭看到瑪莉**破涕為笑**，不禁放下心頭大石。他們心裏都知道，在米勒先生的悉心安排下，瑪莉終於和天國的媽媽**和解**了，她心中的愛將會填滿 13 歲後的空白，以慰媽媽在天之靈……

數字的忌諱

故事提及法國國王路易十四討厭別人叫他 70 歲，其實不同文化中都有數字的忌諱。例如，中國的 4（死）和 9413（九死一生）、歐美的 666（魔鬼數字）等。你能舉出更多例子嗎？

答案

難題①：

計算日數時，要考慮 2 月 29 日是「閏日」。因為閏年有 366 天，比平年多 1 天。

首先，為方便計算，暫定「起點」是瑪莉出生那年的 3 月 1 日，「終點」是第 19 年的 3 月 1 日，其間有 365 x 19 = 6935 天。

然後，在第 19 年，從 3 月 2 日到母親去世的 7 月 20 日，共有 140 日。

最後，加上 19 年來所有的 2 月 29 日「閏日」，即是瑪莉出生當年 0 歲、4 歲、8 歲、12 歲和 16 歲，合共 5 個閏日。

如用算式表示，即 365 x 19 + 140 + 5，因此，從瑪莉出生到其母去世，期間共 7080 天（包含頭尾兩天）。

難題②：

佩羅提過 70 的法文是 soixante-dix，當中 soixante 代表 60，dix 代表 10，合起來是 60+10。

瑪莉在火車上提過 80 的法文是 quatre-vingts，當中 quatre 是 4，vingts 是 20，合起來是 4 x 20。

所以，7080 可轉換成 60+10 和 4 x 20，把運算符號除去，只看數字，便得出 6010420。

科學Q&A
第一百二十七話　便便危機
漫畫◎李少棠　上色協力◎周嘉詠
劇本◎《兒童的科學》創作組
那間餐廳的沙律真好吃！
有機種植果然與別不同呢！
糟了！
公廁
啊，小Q來得正好！幫幫我呀！
好臭呀！
嘩，別過來！
怎麼了？
我掉了東西進馬桶，你幫我拾回來吧！
你掉了甚麼，為何這麼緊張？

是炸彈！
甚麼？
我家廁所塞了，
於是訂購
A星通渠用的
強力爆破彈。
剛才提貨後人有三急，
上廁所時卻不小心把整盒
爆破彈掉進去了！
你真
大意！
噗！
這是宇宙巡邏隊
用來處理排污問題
的機械人。
人工智能清潔機
這次是為了
其他人着想才幫你，
下不為例！
使用超過一個
強力爆破彈已很危險，
你還整包丟了！真蠢！
我立刻
沿下水道追截！
衝啊！
我們保持
聯絡！
嗖——
這畫面會連結
清潔機的視線。
不是吧？
那裏都是便便，
我不要看那麼噁心
的東西啊！

放心，傳送過來的畫面經過調節，方便觀察。
怎樣？
呃，好像過於可愛了吧……
找到了！立刻回收！
那東西很貴的，別弄壞啊！
哎呀！
一滑
咔
嘩啦嘩啦
啪

目標被沖走了！
可惡！是誰幹的！
我要餵他吃大便！
我、我不是
故意的啦！
我繼續追蹤，
你們去污水處理廠
堵截吧！
好，我們
出發吧！
為甚麼要去
污水處理廠？
因為那是處理
大便的必經之地！
在污水處理系統未興建前，
香港盛行「倒夜香」行業。
清糞工每晚逐戶拍門，
收集排泄物集中處理。
不過由於衛生欠佳，
經常引發霍亂等傳染病。

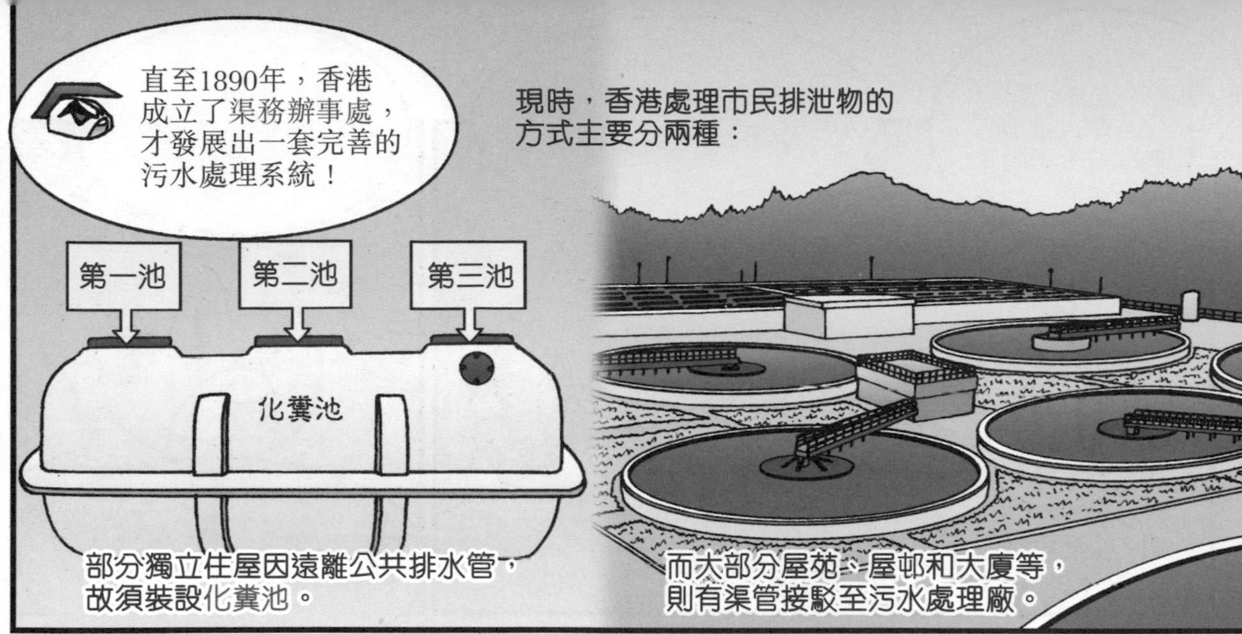
直至1890年，香港成立了渠務辦事處，才發展出一套完善的污水處理系統！
現時，香港處理市民排泄物的方式主要分兩種：
第一池
第二池
第三池
化糞池
部分獨立住屋因遠離公共排水管，故須裝設化糞池。
而大部分屋苑、屋邨和大廈等，則有渠管接駁至污水處理廠。

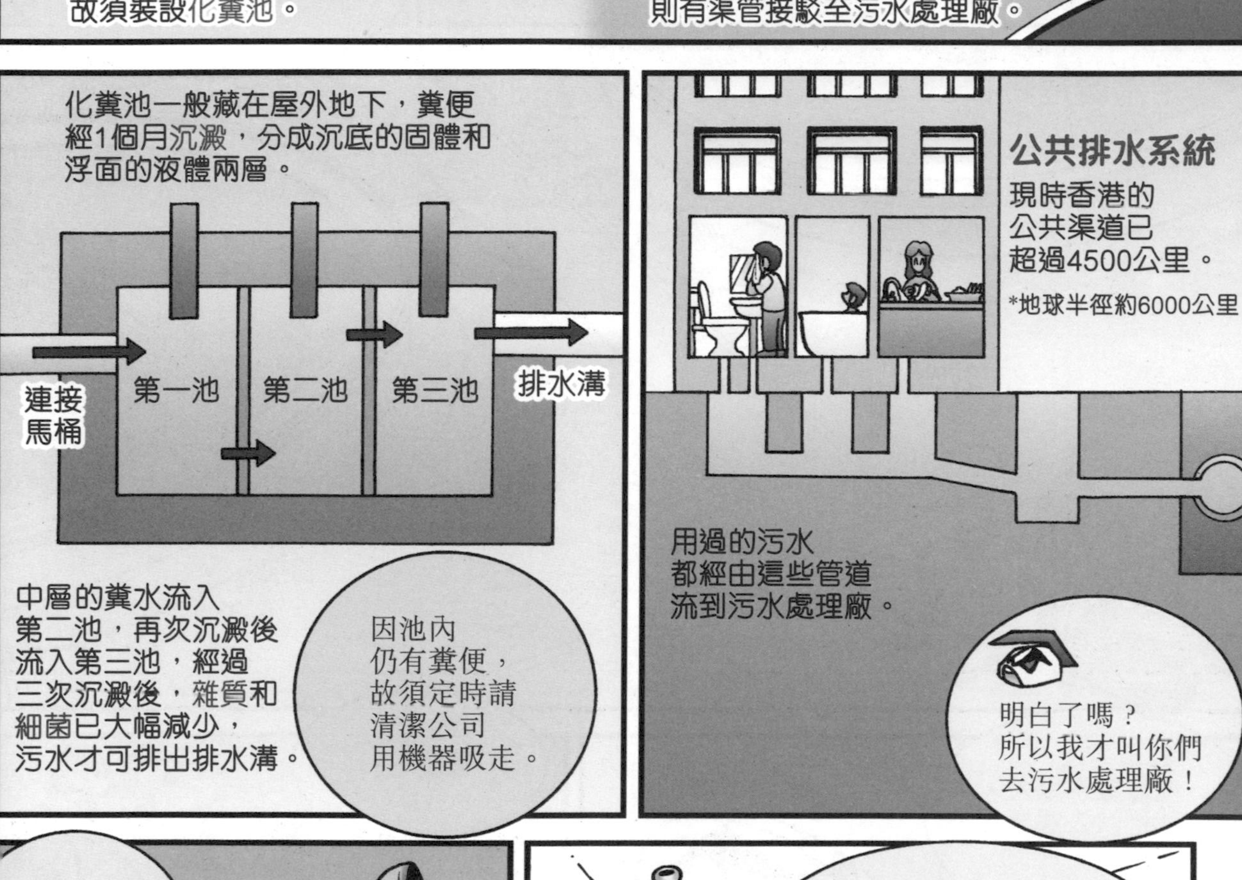
化糞池一般藏在屋外地下，糞便經1個月沉澱，分成沉底的固體和浮面的液體兩層。
連接馬桶
第一池
第二池
第三池
排水溝
中層的糞水流入第二池，再次沉澱後流入第三池，經過三次沉澱後，雜質和細菌已大幅減少，污水才可排出排水溝。
因池內仍有糞便，故須定時請清潔公司用機器吸走。
公共排水系統
現時香港的公共渠道已超過4500公里。
*地球半徑約6000公里
用過的污水都經由這些管道流到污水處理廠。
明白了嗎？所以我才叫你們去污水處理廠！

今次的話題真噁心！

才不噁心，這是個要認真思考的話題啊！

現時，全球仍有
超過20億人沒有
潔淨的廁所使用！
每年約有150萬名兒童
因衛生問題染病死亡！
想不到
一個廁所也
這麼重要！
對呀，所以你家中
有清潔的廁所
已經很幸運！
污水處理廠
處理廠那麼大，
我們該去哪裏
找啊？
去篩網
那邊吧！
篩網？

污水經下水道進入處理廠，
當中的大型廢物先被過濾出來，
運往堆填區。
社區
污水泵站
粗糙物篩網
精細物篩網
沙井
深海排水管
砂礫清除器
污水經多次沉澱和過濾，
最後排出深海。
爆破彈這麼大盒，
肯定在第一層篩網
就被過濾出來了！
那麼便便
又到哪去了？
都被過濾
出來了嗎？
便便在到達
處理廠前
已被分解，
所以會隨水流
進入沉澱池呢。
沉澱池
污泥脫水後，
最終成為
細小的
乾顆粒狀。
這些含有便便的
污泥有甚麼用？
污泥含有極高養分，
可用作肥料呢。
甚麼？

那我剛才吃的
沙律菜……
豈不是……

哈哈！你被耍了。
其實香港的污泥主要
運往堆填區或焚化，
不像小Q說的那樣啦！
嚇死我了……
嘻嘻~~

不過處理後的污水
也可作工業用途，
新加坡的污水
在過濾後甚至
可供飲用！

飲……飲用？

呀！

怎麼了？
清潔機
突然失去
聯絡！

開啟
追蹤模式！
要快點找它出來，
萬一爆破彈爆炸
就糟了！
噠噠噠
就在
這下面！
怎會在
我家附近？
嗚……
是甚麼東西
撞到我啊！
這……這是？

這地溝油塊
太大了吧！
你沒事吧？
甚麼是
地溝油塊？
地溝油塊（Fatberg）
油脂、脂肪等物質排入下水道，
不斷積聚和凝固，變成固體凝塊，
是阻塞下水道的元兇。
油脂會不斷堆積，
在倫敦甚至曾找到
超過100噸的地溝油塊，
花了幾個月才成功清除！
為甚麼我家前面
會出現這種可怕的
東西啊！

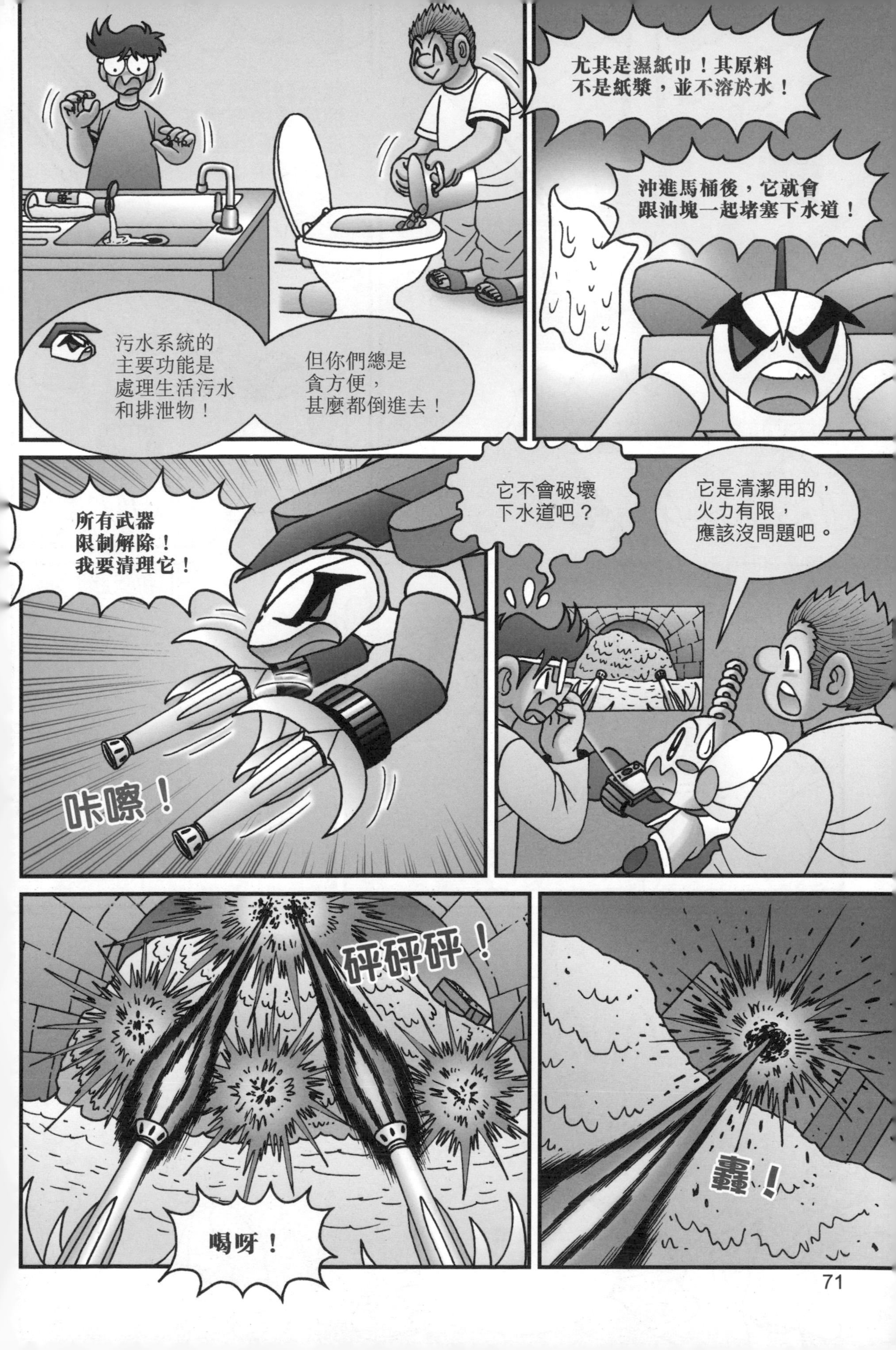
污水系統的
主要功能是
處理生活污水
和排泄物！
但你們總是
貪方便，
甚麼都倒進去！
尤其是濕紙巾！其原料
不是紙漿，並不溶於水！
沖進馬桶後，它就會
跟油塊一起堵塞下水道！
所有武器
限制解除！
我要清理它！
咔嚓！
它不會破壞
下水道吧？
它是清潔用的，
火力有限，
應該沒問題吧。
砰砰砰！
喝呀！
轟！

轟！
我找到元兇了！那油塊中有很多這種A星出產的濕紙巾！
A
肯定是你一直把濕紙巾丟進馬桶吧？
方……方便嘛……我回家看看～
哇！
看你幹的好事！現在整屋大便，又要我花時間清潔了！
嘔——
幸好這畫面經過處理……哈哈……
～完～

兒童的科學 NO.199

請貼上
HK$2.0郵票
（只供香港讀者使用）

香港柴灣祥利街9號
祥利工業大廈2樓A室
兒童的科學 編輯部收

有科學疑問或有意見、
想參加開心禮物屋，
請填妥問卷，寄給我們！

大家可用
電子問卷方式遞交

▼請沿虛線向內摺

請在空格內「✔」出你的選擇。

我購買的版本為：01☐實踐教材版 02☐普通版

給編輯部的話

我的科學疑難/我的天文問題：

開心禮物屋： 我選擇的禮物編號

有關今期內容

Q1：今期主題：「凹透鏡光學大剖析」

03☐非常喜歡 04☐喜歡 05☐一般 06☐不喜歡 07☐非常不喜歡

Q2：今期教材：「雙面凹透鏡」

08☐非常喜歡 09☐喜歡 10☐一般 11☐不喜歡 12☐非常不喜歡

Q3：你覺得今期「雙面凹透鏡」容易使用嗎？

13☐很容易 14☐容易 15☐一般 16☐困難

17☐很困難（困難之處：________________） 18☐沒有教材

Q4：你有做今期的勞作和實驗嗎？

19☐視錯覺轉盤 20☐實驗1：簡易單向玻璃

21☐實驗2：凹凸兩用鏡

請沿實線剪下

請沿實線剪下

問卷

請以膠水封口

請以膠水封口

讀者檔案

#必須提供

#姓名：	男 女	年齡：	班級：
就讀學校：			
#居住地址：			
	#聯絡電話：		

你是否同意，本公司將你上述個人資料，只限用作傳送《兒童的科學》及本公司其他書刊資料給你？（請刪去不適用者）

同意/不同意 簽署：________________ 日期：________年_____月_____日

（有關詳情請查看封底裏之「收集個人資料聲明」）

讀者意見

A 科學實踐專輯：王子與魔鏡

B 海豚哥哥自然教室：怕熱的河馬

C 科學DIY：視錯覺轉盤

D 科學實驗室：特務001光學教室

E 大偵探福爾摩斯科學鬥智短篇：魔犬傳說（1）

F 曹博士信箱：為甚麼磁石可以互相吸在一起？

G 誰改變了世界：法醫學之父 宋慈

H 天文教室：構建「天宮」太空站

I 地球揭秘：雷利散射與米氏散射

J 今期特稿1：諾貝爾獎2021

K 今期特稿2：第31次第一屆搞笑諾貝爾獎

L 數學偵緝室：價值連城的十美元

M 科學Q&A：便便危機

＊請以英文代號回答**Q5至Q7**

Q5. 你最喜愛的專欄：

第 1 位 22________ 第 2 位 23________ 第 3 位 24________

Q6. 你最不感興趣的專欄： 25________ 原因：26________

Q7. 你最看不明白的專欄： 27________ 不明白之處：28________

Q8. 你從何處購買今期《兒童的科學》？

29☐訂閱 30☐書店 31☐報攤 32☐便利店 33☐網上書店

34☐其他：________

Q9. 你有瀏覽過我們網上書店的網頁www.rightman.net嗎？

35☐有 36☐沒有

Q10. 《兒童的科學》現已登陸網上書店 Book Depository，你有瀏覽過這網站嗎？

37☐有 38☐沒有

Q11. 如果外國的親友在Book Depository購物，你會向他們推薦哪些書？

39☐《兒童的科學》雜誌 40☐《兒童的學習》雜誌

41☐《大偵探福爾摩斯》小説 42☐《大偵探福爾摩斯》英文版小説

43☐《大偵探福爾摩斯》漫畫版 44☐《科學大冒險》漫畫

45☐《誰改變了世界？》傳記系列 46☐《森巴STEM》科學知識漫畫

47☐《Samba Family》英文版漫畫

48☐其他，請註明：________